AF610353

INVENTAIRE
S 30.674

HISTOIRE MALACOLOGIQUE

DU

BASSIN PARISIEN

OU

HISTOIRE NATURELLE DES ANIMAUX

MOLLUSQUES TERRESTRES ET FLUVIATILES

QUI VIVENT DANS LES ENVIRONS DE PARIS,

PAR

M. Jules MABILLE.

PREMIER FASCICULE.

Paris,

Mme Ve BOUCHARD-HUZARD, LIBRAIRE-ÉDITEUR,

RUE DE L'ÉPERON, 5.

—

TRADUCTION ET REPRODUCTION RÉSERVÉES.

S 30671

L'Histoire malacologique du bassin parisien formera un volume in-8 d'environ 600 pages.

Le texte sera accompagné de planches noires ou coloriées en nombre suffisant pour donner la représentation des espèces nouvelles, rares, ou de celles dont la détermination présente quelque difficulté.

Ce volume sera publié en 5 fascicules.

Prix du fascicule : 5 francs.

DU MÊME AUTEUR :

Mollusques terrestres et fluviatiles des îles de Corse et de Sardaigne. 1 vol. in-8 avec pl. (*Sous presse.*)

Catalogue des mollusques de la chaine des Corbières. In-8 avec pl. (*Sous presse.*)

Malacologie terrestre et fluviatile de la Grande-Bretagne. In-8 avec pl. (*Sous presse.*)

MOLLUSCA GASTEROPODA.

GASTEROPODA INOPERCULATA.

BIBLIOTHÈQUE NATIONALE R.F. IMPRIMÉS

§ I. — PULMONACEA.

ARIONIDÆ.

Limax (pars), *Linnæus,* Syst. nat., 1758; *Brard,* 1815; Arion (pars), *Férussac*, Hist. Moll., p. 50 et 53, 1819; Arionidæ *Bourguignat,* 1864; *Jules Mabille,* 1868.

ARION.

Limax (pars), *Linnæus,* Syst. nat. (éd. X), p. 652, 1758 et 1760; — *Müller,* 1774; — *Gmelin*, 1790; *Cuvier,* 1790, 1806, 1817; — *Lamarck,* 1801, 1809, 1822; — *Draparnaud,* 1801, 1805; — *Brard*, 1815; — *Arion*, Férussac (pars), Tabl. syst., p. 16, 1819; — *Michaud,* 1831; — *Moquin-Tandon,* 1855; — Arion, *Bourguignat*, 1862, 1864.

Animal corpore ovato-elongato, cylindraceo, antice posticeque paululum attenuato, superne rotundato, rarius carinato, ac rugis sulcisque anastomosantibus, ornato; clypeo oblongo, majusculo, granoso, ad partem anteriorem corporis sito, grana arenacea obtegente; tentaculis 4, conico-cylindraceis, superioribus oculiferis ; cavitatis pulmonaris orificio ad partem anticam, dextrorsumque posito, generationis apertura subjecta cavitati pulmonari; maxilla lunata, ad medium non rostrata, sulcis numerosis transversis ac dentibus munita; poro mucoso ad extremitatem corporis.

Animal allongé, presque cylindrique, faiblement atténué en avant et en arrière, ordinairement arrondi en dessus, mais offrant, chez un petit nombre d'espèces, une carène peu saillante, prenant naissance vers le milieu du dos, et se terminant auprès du pore muqueux ; orné, en outre, de stries et de sillons qui rendent la peau très-rugueuse; — bouclier un peu grand, de forme ovale-allongée, situé vers la partie antérieure du corps, non strié, mais orné de granulations plus ou moins apparentes ; — quatre tentacules conico-cylindriques, les supérieurs oculés ; — cavité pulmonaire très-antérieure ; — orifice de la génération placé au-dessous et un peu en avant ; — mâchoire cornée, très-arquée en forme de fer à cheval, sans rostre médian, mais garnie de nombreuses côtes transverses et de dents marginales à sa partie antérieure; un pore muqueux terminal.

Les espèces parisiennes du genre Arion peuvent être réparties dans les trois sections suivantes :

I. — Lochea : Animal ordinairement de grande taille : granulations calcaires à peine agglomérées; carène nulle.

A. Animal d'une seule couleur ou du moins non orné de bandes.

Arion rufus, *Michaud*, 1831 (*Limax rufus Linnæus*, 1758).
— ater, *Michaud*, 1851 (*Limax ater Linnæus*, 1758).
— Servainianus, *Jules Mabille*, 1868.
— campestris, *Jules Mabille*, 1867.
— hibernus, *Jules Mabille*, 1867.
— Gaudefroyi, *Jules Mabille*, 1869.

B. Animal orné de bandes.

Arion rupicola, *Jules Mabille*, 1867.
— Mabillianus, *Bourguignat*, 1866.
— aggericola, *Jules Mabille*, 1868.
— rubiginosus, *Baudon*, 1868.

II. — Carinella : Animal de taille médiocre ou très-petite, caréné ; carène très-visible dans le jeune âge, quelquefois presque oblitérée dans l'âge adulte, concolore ou blanchâtre.

Arion Bourguignati, *Jules Mabille*, 1867.
— Neustriacus, *Jules Mabille*, 1867.
— Paladilhianus (1), *Jules Mabille*, 1869.

III. — Prolepis : Animal de taille médiocre, à stries et à sillons ordinairement peu apparents, à granulations calcaires presque agglomérées et simulant parfois une limacelle imparfaite.

Arion fuscatus, *Férussac*, 1819.
— hortensis, *Férussac*, 1819.

(1) Dans cette section doit prendre place l'Arion Dupuyanus, Bourguignat, *Malac. Grande-Chartreuse*, p. 30, pl. I, fig. 1-4, 1864. Sa place, dans la méthode, le met en tête et avant le Bourguignati.

Arion distinctus, *Jules Mabille*, 1867.
— tenellus, *Millet*, 1854.

Les espèces du genre Arion vivent dans les bois, dans les forêts, au pied des murs, sous les feuilles mortes, dans les prairies, sous les pierres, dans tous les lieux frais ou humides. Ils se montrent pendant presque toute l'année, mais sont plus abondants en automne et pendant l'hiver et le printemps.

I. — LOCHEA.

Lochea, *Moquin-Tandon*, Hist. Moll. France, II, p. 10, 1855.

Animal sæpius corpore maximo, clypeo granis calcareis vix agglomeratis, obtegente.

A. *Animal unicolor; corpore absque zonis vel lineis.*

ARION RUFUS.

Limax rufus, *Linnæus*, Syst. nat. (éd. X), p. 652, 1758 et 1760.
— rufus, *Brard*, Hist. Coq. env. Paris, p. 123, 1815.
Arion rufus, *Michaud*, Compl. Moll. Drap., p. 4, 1831.
— rufus, *Jules Ray*, Moll. viv. Champagne mér., p. 15, 1851.
— rufus, *Baudon*, Cat. Moll. Oise, p. 5, et Mém. Soc. Acad. Oise, p. 93 et 121, 1852, et Nouv. Cat., p. 5, 1862.

Animal corpore maximo, cylindraceo, supra convexo-tereti, antice rotundato, postice subacuto; dorso uniformiter rufo vel rubro, nigrescente, luteo vel aterrimo; rugis dorsalibus validis, cristatis, sulcis profundis separatis; pede e griseo luteolo vel nigrescente, zonula media pallidiore munito; margine pedis semper zonulis aterrimis elegantissime concinnato; clypeo oblongo-ovato, magno, postice anticeque rotundato; capite, collo tentaculisque nigris.

Long. 90-150 millimètres.

Animal de grande taille, cylindrique, convexe-arrondi en dessus, non atténué en avant, terminé en arrière par une queue épatée et cependant un peu pointue; dos et flancs présentant une coloration d'une teinte uniforme, sans bandes ni lignes; cette teinte passe, suivant les individus, du rouge-brique au rouge-vermillon, au jaunâtre ou au noir plus ou moins intense; rides dorsales allongées, élevées, se terminant en carènes aiguës et ridées transversalement pendant la contraction de l'animal, mais jamais granuleuses : lorsque l'animal a pris toute son extension, ces rides s'affaiblissent, disparaissent presque complétement et, dans cet état, les sillons fort profonds qui les séparent pendant la contraction se trouvent réduits à de simples stries. Pied d'un jaune grisâtre, parfois noirâtre, mais ordinairement orné d'une bande médiane plus claire. Bords du pied d'un rouge vif et constamment frangés par de petites linéoles parallèles, noires et régulièrement espacées. Manteau ovoïde, un peu sinueux, couvert de tubercules petits, serrés et de couleur moins foncée que celle du corps. Tête et tentacules ordinairement noirs ou noirâtres ; tentacules supérieurs écartés à la base, un peu coniques, faiblement chagrinés; inférieurs plus finement chagrinés et plus écartés à la base que les supérieurs.

Mâchoire arquée, fauve, brune vers le bord libre, ornée de 12 à 15 côtes verticales irrégulièrement disposées, un peu larges et inégales ; crénelures marginales très-rapprochées.

Limacelle nulle, mais représentée par des grains calcaires plus ou moins agglomérés, de forme et de grosseur variables.

Conservée dans l'alcool, cette espèce prend une teinte d'un brun roussâtre sale, et les carènes des rugosités disparaissent presque complétement.

Les variétés les plus remarquables de l'Arion rufus sont :

a. ruber, *Moq.-Tand.*, loc. cit. ; *Férussac,* Hist. Moll., pl. I, f. 1, 2, 5.—Animal rouge unicolore plus ou moins pâle ou coloré.

b. rufus, *Moq.-Tand.*, Hist. Moll., pl. I, fig. 1. — Animal roux ou brunâtre.

c. pallescens, *Moq.-Tand.*, Hist. Moll., pl. I, f. 26 (mauvaise). — Animal d'un blanc grisâtre ou jaunâtre; linéoles de la marge du pied peu apparentes.

d. miniaceus. — Animal d'un beau rouge-vermillon.

L'*Arion rufus*, espèce des plus abondantes dans nos contrées, habite toutes nos forêts, le bord des marais et des rivières, les prairies et les jardins humides. On le rencontre pendant toute l'année, mais il n'acquiert son entier développement qu'en juin-juillet.

ARION ATER.

Limax ater, *Linnæus,* Syst. nat. (éd. X), p. 652, 1758.
— *Draparnaud,* Hist. Moll. France, p. 122, pl. II, f. 3 (*var. β et γ excl.*), 1805.

Arion ater, *Michaud*, Compl. Moll. Drap., p. 4, 1831.

Animal corpore maximo, cylindraceo, supra convexo-tereti, antice rotundato, postice subattenuato patulo, dorso uniformiter nigro, nigrescente, vel rufo, quandoque rubescente, rugis dorsalibus validioribus, elongatis, subcristatis, sulcis profundis separatis; pede griseo vel nigrescente, zonula media pallidiore sæpe munito; margine pedis aterrimo, rubello vel lutescente, zonulis nigris fimbriato. Clypeo oblongo-elongato, postice anticeque rotundato, tuberculis minimis, conspicuis, densis, regularibus, exasperato. Capite tentaculisque nigris.

Long. 90 à 130 mill.

Animal de grande taille, convexe-arrondi en dessus, un peu atténué en avant, terminé en arrière par une queue un peu épatée et cependant faiblement atténuée. Dos et flancs présentant une teinte de coloration uniforme, noire, noirâtre, quelquefois rougeâtre ; rides dorsales très-fortes, très-apparentes, allongées, un peu carénées, séparées par des sillons profonds ; pied grisâtre ou noirâtre, ordinairement pourvu, en son milieu, d'une bande plus claire; bords du pied noirs, roux ou jaunâtres, ornés de linéoles noirâtres transverses très-distinctes; bouclier allongé de forme oblongue, arrondi à ses deux extrémités, couvert de tubercules serrés, élevés, très-apparents. Tête et tentacules noirs.

Mâchoire très-arquée, d'un beau noir, à extrémités atténuées et arrondies. 12 à 15 dents, grandes, à peu près d'égale largeur au sommet et à la base, celles des extrémités plus larges, granuleuses, terminées en pointe carrée et obtuse.

Cette espèce diffère de la précédente par son corps plus allongé, moins épaté en arrière, offrant des rides plus fortes, plus élevées, ne disparaissant pas pendant l'extension de l'animal, comme cela a lieu pour l'*Arion rufus* ; par la position de son orifice respiratoire placé plus en avant ; son bouclier plus allongé, à granulations moins fines et plus apparentes : conservé dans l'alcool, cet Arion prend une teinte plus foncée et ses rugosités offrent une apparence crispée.

Cet Arion habite les bois et les marais; il n'apparaît que de février en avril :

Aube. — Saint-André, marais de l'île Germain près Troyes (M. Bourguignat), Nogent, Clairvaux (M. J. Ray).

Seine-et-Oise. — Bois de Meudon.

ARION SERVAINIANUS.

Arion Servainianus, *Jules Mabille in Sched.*, 1868.

Animal corpore magno, cylindraceo, supra convexo-tereti, antice rotundato, postice subpatulo; dorso ac clypeo uniformiter aurantiaco vel aterrimo, quandoque maculis e purpurascente castaneis late maculato, ad marginem pedis pallidiore; rugis dorsalibus validis, elongatis, striato-granulosis, regulariter dispositis, sulcisque profundis separatis; pede e griseo luteolo vel nigricante, zonula pallidiore medio, munito; margine pedis aurantiaco, vel fulvo, lineolis fulvis ornato; clypeo oblongo-ovato, antice posticeque rotundato; tuberculis nigris, validis, confertis exasperato; capite tentaculisque aterrimis.

Longueur de l'animal en marche 90 à 100 millimètres.

Animal de grande taille, cylindrique, convexe-arrondi en dessus, non atténué en avant, terminé par une queue un peu large et obtuse ; dos de couleur uniforme, sans aucune trace de bandes, rouge ou noir, quelquefois couvert de larges taches brunâtres et orné de rides allongées, chagrinées, terminées, lorsque l'animal a pris toute son extension, par une faible carène obtuse, mais aplatie lorsqu'il est contracté; bords du pied rouges ou fauves, constamment ornés de lignes transverses noirâtres, plus ou moins régulièrement espacées; pied gris-jaunâtre, quelquefois noirâtre, parfois unicolore, mais le plus souvent offrant en son milieu une large zone plus pâle; bouclier ovale-allongé, arrondi à ses deux extrémités, orné de tubercules noirs très-saillants, nombreux et serrés, séparé du corps par un sillon très-faible et peu apparent. Tête noirâtre, ou complétement noire, suivant les variétés; tentacules supérieurs noirâtres, un peu coniques, renflés et un peu écartés à leur base; les inférieurs plus écartés que les supérieurs, mais moins finement chagrinés.

Mâchoire très-arquée, d'un brun rougeâtre, mince, peu solide, mate, ornée de stries transverses peu apparentes, extrémités tronquées; 16 à 18 côtes, un peu larges, inégales, peu aplaties, sillonnées et striées longitudinalement, tronquées à leur extrémité et terminées en une pointe large et tranchante.

Dans l'alcool cette espèce prend une teinte d'un brun verdâtre très-caractéristique; les granulations de son bouclier et ses rides dorsales s'affaissent tellement que l'animal paraît presque lisse.

L'*Arion Servainianus* habite les grandes forêts de nos régions; il vit sous les feuilles mortes, au pied des arbres, le long des fossés. Cette espèce semble n'apparaître qu'au premier printemps.

Aisne. — Forêt de Villers-Cotterets vers Montgobert, Fleury.

ARION CAMPESTRIS.

Arion campestris, *Jules Mabille*, Archives mal., I, 3e fasc., p. 40, 1er mars 1868, et Revue et Mag. zool., 2e série, t. X, p. 135, avril 1868.

Animal corpore ovato-elongato, cylindrico, supra valde convexo, non carinato, postice anticeque paululum attenuato, aurantiaco, ad marginem pedis pallidiore; rugis dorsalibus conspicuis, elongatis, acutiusculis, granosisque; pede obscure albescente; margine pedis angusto, ad caudam subobtuso, absque lineolis, sub lente punctulis aurantiacis, confertis ornato; clypeo ovato, elongato, antice subattenuato, postice rotundato, elegantissime confertim granuloso, collum subobtegente.

Longueur de l'animal en marche, 45 à 50 millim.

Animal allongé, de forme cylindrique, bien convexe en dessus, un peu atténué en avant et en arrière, d'une belle teinte orangée en dessus, un peu plus pâle vers les bords du pied ; rides dorsales un peu apparentes, granuleuses, peu allongées, un peu aiguës en avant et en arrière ; pied d'une teinte blanchâtre sale à bords étroits, légèrement jaunes, sans trace de linéoles, mais couverts de nombreux points orangés, visibles seulement à la loupe ; glande mucipare grande, en forme de cœur ; orifice pulmonaire, antérieur, petit, échancrant faiblement le bouclier; bouclier ovale-allongé, un peu atténué en avant, arrondi aux deux extrémités et entièrement couvert de fines granulations très-serrées ; tête et tentacules d'un noir bleuâtre : tentacules supérieurs peu allongés, minces, divergents ; les inférieurs très-petits.

L'*Arion campestris* apparaît vers le mois de février, et dès les premiers jours de mai on ne le rencontre plus : il vit sous les pierres et au pied des plantes basses, dans les lieux très-humides.

Seine. — Billancourt, Sèvres.

ARION HIBERNUS.

Arion hibernus, *Jules Mabille*, Archives mal., I, 3e fasc., p. 39, 1er mars 1868, et in Rev. et Mag. zool., 2e série, t. XX, p. 134, avril 1868.

Animal corpore elongato, cylindrico, postice attenuato, omnino e rubiginoso purpureo, quandoque e purpureo aterrimo, ad marginem pedis pallidiore; rugis dorsalibus exiguis, parum elongatis ac perspicuis, tenuissime granulosis; pede obscure ex albidulo-rubiginoso; margine pedis ad caudam triangulare elongato ac dilatato, lineolis obscuris, densis, fimbriato; clypeo oblongo, antice ovali-rotundato, postice rotundato, ac subgranuloso, purpureo, collum obtegente.

Longueur de l'animal en marche, 50 millim.

Animal allongé, de forme cylindrique, atténué à sa partie postérieure, d'une belle teinte pourpre couleur de rouille, un peu plus pâle vers les bords du pied, donnant au corps un aspect brillant, comme velouté; rides dorsales délicates, peu sensibles, faiblement allongées; pied d'un blanc couleur de rouille; bord du pied frangé de petites linéoles plus foncées, dilaté seulement à la partie caudale et présentant un développement de forme triangulaire sur lequel se détache, en blanc, la gouttière de la glande mucipare; orifice pulmonaire très en avant, échancrant le bouclier; bouclier oblong, arrondi-ovale en avant, arrondi en arrière, d'une teinte plus foncée et d'une apparence plus veloutée que le reste du corps, et recouvrant presque entièrement le cou ; tentacules supérieurs de même teinte, peu allongés, inférieurs très-exigus.

Mâchoire très-arquée, mince et cependant assez solide, d'un noir intense au bord libre, rougeâtre au sommet, mate, sans stries transverses ; extrémités atténuées, arrondies ; 10 à 15 côtes larges, presque planes, mais ornées de quelques fines côtes longitudinales un peu élevées, terminées en une pointe obtuse triangulaire peu saillante.

L'*Arion hibernus* est une espèce essentiellement hiémale : son apparition a lieu d'octobre à la fin d'avril. Nous l'avons rencontré dans presque toutes nos grandes forêts.

Aisne. — Forêts de Villers-Cotterets vers Montgobert, de la Fère-en-Tardenois.

Oise. — Forêts de Chantilly et de Compiègne.

Seine-et-Marne. — Forêt de Fontainebleau.

Seine-et-Oise. — Forêts de Bondy, de Meudon.

ARION GAUDEFROYI.

Arion Gaudefroyi, *Jules Mabille in Sched.*, 1869.

Animal corpore gracili, elongato, supra convexo-tereti, antice subattenuato, postice subpatulo, dorso e griseo rufescente vel e nigro lutescente ad latera quandoque saturatiore ; rugis dorsalibus, dum animal contractum est, validis, acutis ac crispato-granosis ; dum porrectum est, subevanescentibus, quanquam validis, elongatis ac quasi striis vermiculis ac granulis una aggregatis formantibus, sulcis latis parum impressis separatis ; pede e luteo cinerascente ad medium pallidiore ; margine pedis griseo in luteum vergente, lineolisque æquidistantibus, fuscis, fimbriato, angusto, ad caudam paululum dilatato ; poro mucoso valido, obcordato ; clypeo elongato, antice posticeque rotundato, undique granulis striisque vermiculatis exasperato ac collum subobtegente; capite tentaculisque e fusco nigrescente vel e fusco rubescente quandoque violaccescente.

Longueur de l'animal en marche, 60 à 70 millim.

Animal de taille moyenne, élégant, allongé et un peu robuste, convexe-arrondi en dessus, un peu atténué en avant, légèrement épaté en arrière; partie dorsale d'un gris roussâtre ou jaunâtre, quelquefois un peu plus foncée vers les flancs; rides dorsales apparentes, aiguës, crispées et granuleuses lorsque l'animal est contracté; mais, alors qu'il a pris toute son extension, ces rides s'affaissent un peu, tout en restant parfaitement sensibles, et semblent formées de stries vermicellées et de tubercules réunis ensemble, séparées, en outre, par des sillons un peu larges et superficiels; pied d'un gris jaune cendré, muni, en son milieu, d'une bande translucide; étroit, un peu dilaté vers la queue, à bords d'un gris presque jaunâtre, ornés de linéoles noirâtres placées à égales distance les unes des autres; pore muqueux, apparent, grand; bouclier allongé, arrondi en avant et en arrière, tout couvert d'aspérités vermicellées et de tubercules fins et saillants; tête et tentacules d'un fauve noirâtre, rougeâtre ou violâtre.

Nous dédions cette nouvelle espèce à notre ami M. E. Godefroy, membre de la Société botanique; elle vit dans les bois, sous les feuilles mortes, et apparaît de novembre à janvier.

Aisne. — Forêt de Villers-Cotterets.

Seine. — Bois de Boulogne.

Seine-et-Marne. — Forêt de Sénart.

Seine-et-Oise. — Bois de Meudon, de Versailles, vallée de la Minière.

B. *Animal corpore zonulis vel lineolis longitudinaliter ornato.*

ARION RUPICOLA.

Arion rupicola, *Jules Mabille*, Archives mal., I, 3e fasc., p. 41, 1er mars 1868, et in Rev. et Mag. zool., 2e série, t. XX, p. 136, mars 1868.

Animal corpore elongato, cylindrico, postice paululum attenuato, e viridi-lutescente, vel nigricante, ad marginem pedis pallidiore, ac zonulis nigricantibus ad latera ornato; rugis dorsalibus conspicuis, elongatis; pede pallidiore, medio cærulescente; margine pedis angusto, luteolo, vel albescente, lineis fuscis brevibus, æquidistantibus concinnato, ac punctulis flavis numerosis, munito; clypeo ovato-elongato, valde eleganterque granuloso, zonula obscura utrinque ornata, collum subobtegente.

Longueur de l'animal en marche 47-50 millim.

Animal allongé, de forme cylindrique, un peu atténué en arrière, d'une teinte générale verdâtre, devenant, sur le milieu du corps et suivant les individus, jaunâtre ou noirâtre. Deux bandes noirâtres règnent de chaque côté du corps et viennent se confondre postérieurement au-dessus de la glande mucipare, qui est petite et légèrement bleuâtre. Rides dorsales prononcées, apparentes, allongées; pied bleuâtre, à bords étroits, jaunâtres ou blanchâtres, ornés de quelques linéoles transverses et de nombreuses ponctuations jaunes. Bouclier ovale-allongé, très-élégamment chagriné, entouré d'une bande brune et recouvrant presque entièrement le cou.

Mâchoire très-arquée, d'un brun fauve, à extrémités arrondies; 14 à 15 dents étroites, nettement séparées les unes des autres, un peu saillantes et terminées en pointe obtuse.

Dans l'alcool, cette espèce se contracte considérablement, sa coloration se fonce, ses bandes latérales paraissent plus distinctes; les rugosités dorsales deviennent plus courtes, plus élevées et plus aiguës.

Ce charmant Arion habite les lieux humides, sous les pierres et au pied des touffes de graminées : il apparaît au premier printemps et a été observé dans les localités suivantes :

Seine. — Billancourt, Gentilly.

Seine-et-Oise. — Environs de Corbeil , prairies de Mennecy.

ARION MABILLIANUS.

Arion Mabillianus, *Bourguignat,* Moll. nouv. litig., etc., 1er fasc., VI, p. 175, pl. XXIX, f. 1-4, 1er janvier 1866.

Animal corpore elongato, gracili, cylindrico, antice crassiusculo, postice attenuato, e luteo-rubescente, ad marginem pedis pallidiore; dorso tereti, tribus zonulis (prima mediana, alteræ laterales) e castaneo-luteolis, ab extremitate postica usque ad partem anteriorem clypei, ornato ; rugis dorsalibus elongatis, validis, reticulatis, sulcis fuscis parum impressis, separatis ; pede sordide albido; margine pedis distincto, e parte dorsali soluto, lineolis fuscis æquidistantibus fimbriato; clypeo dilatato, oblongo, collum obtegente, antice posticeque rotundato, granuloso.

Longueur de l'animal en marche, 75 à 85 millim.

Animal allongé, cylindrique, élégant dans sa forme, un peu fort et robuste à sa partie antérieure, atténué en arrière, en quelque sorte aminci, d'un jaune d'ocre assez vif sur le dos, plus pâle sur les flancs et orné de trois bandes d'un jaune brun, ou couleur de terre de Sienne, dont une médiane et les deux autres latérales, occupant toute la longueur de l'animal depuis la partie antérieure du bouclier jusqu'à l'extrémité de la queue; rugosités dorsales prononcées, allongées, séparées par des sillons d'une teinte plus foncée et peu profonds. Pied d'un gris blanchâtre; bord du pied d'un blanc grisâtre, parfois un peu violacé, orné de linéoles brunes et bien séparé de la partie dorsale par une ligne très-prononcée. Le pied, très-développé à la partie caudale, déborde le corps. Bouclier grand, allongé, recouvrant le cou, arrondi en avant et en arrière, fortement chagriné. Tête et tentacules de la même couleur que le corps.

Mâchoire bien arquée, cornée, lisse supérieurement, mais offrant à sa partie interne et inférieure dix à douze denticulations très-prononcées, coniques, aiguës.

Cet Arion habite les bois sur les vieux troncs d'arbres. Il a été observé dans les localités suivantes :

Aube. — Bois de Dienville, d'Amances, du Temple, dépendances de la forêt d'Orient (M. Bourguignat).

ARION AGGERICOLA.

Arion aggericola, *Jules Mabille in Sched.*, 1869.

Animal corpore mediocri, elongato, validiusculo, cylindraceo, antice attenuato, postice subcompresso patulo, e fulvo flavescente ad marginem pedis pallidiore, ac zonula obscura parum perspicua, ad latera ornato; rugis dorsalibus, sat perspicuis, elongatis, densis, acutiusculis, regulariterque dispositis ac elegantissime subobsolete granulosis; pede ex albicante luteolo; margine pedis angusto, ad caudam subtruncato triangulari, lineolis griseis ornato; clypeo oblongo, granuloso, antice attenuato, postice rotundato-truncato, collum subobtegente; tuberculis validis rotundatis, paululum acuminatis, munito, ac ad latera zonula nigricante ornato. Capite, collo ac tentaculis pallide violaceis.

Longueur de l'animal en marche, 55 à 57 millim.

Animal de taille moyenne, un peu épais et trapu, cylindracé, atténué en avant, faiblement comprimé et comme épaté en arrière; dos d'un fauve jaunâtre, plus pâle sur les flancs, et orné, en outre, de chaque côté, d'une bande latérale peu apparente, parfois effacée, d'un gris noirâtre; rides dorsales assez fortes, allongées, serrées, un peu aiguës, régulièrement disposées et d'apparence chagrinées, séparées par des sillons à peine marqués; pied d'un blanc jaunâtre, à bords étroits, ornés de linéoles grises; bouclier oblong, atténué en avant, arrondi, tronqué en arrière, recouvrant presque le cou et orné de tubercules arrondis, saillants et un peu acuminés. Tête, cou et tentacules d'un violet pâle.

Mâchoire arquée, noire, faiblement striée, à extrémités assez atténuées; dents inégales, ordinairement larges, bien distinctes, terminées en pointe obtuse et arrondie.

Conservé dans l'alcool, l'*Arion aggericola* perd sa belle teinte jaunâtre; les bandes latérales disparaissent presque complétement, ainsi que les rides dorsales. L'animal paraît alors presque lisse et prend une teinte d'un gris jaunacé.

Cette espèce habite sous les feuilles mortes, sous les morceaux de bois mort. Elle apparaît au printemps et paraît être peu abondante dans nos localités.

Aisne. — Forêts de Villers-Cotterets vers Fleury, Montgobert.

Seine-et-Oise. — Vallée de la Minière, près de Versailles, forêts de Montmorency, de Bondy, bords du canal de l'Ourcq.

ARION RUBIGINOSUS.

Arion rubiginosus, *Baudon, in litt.*, 1867.

Animal corpore mediocri, cylindraceo, elongato, antice paululum attenuato, postice acutiusculo, dorso rubescente vel rubiginoso, utrinque linea violacescente, ac rugis subinconspicuis, sat confertis, subovatis, ornato; pede albicante; margine pedis lutescente, lineis fulvis obsoletis, fimbriato; clypeo oblongo, antice angusto et rotundato, postice subtruncato ac zonula nigricante semicincto, collum subobtegente; capite tentaculisque violacescentibus.

Longueur, 30 à 32 millim.

Animal de taille médiocre, un peu étroit, cylindracé, peu allongé, très-faiblement atténué en avant, un peu acuminé en arrière; dos d'une teinte rougeâtre tirant sur le jaune, orné, sur chaque flanc, d'une bande violacée étroite assez apparente. Rides dorsales très-faibles, à peine saillantes, ovalaires, disparaissant presque lorsque l'animal a pris toute son extension. Pied d'un blanc sale; marge du pied jaunâtre, ornée de quelques linéoles roussâtres peu apparentes; bouclier oblong, un peu allongé, étroit en avant, à peine granuleux, arrondi, tronqué en arrière, et orné, en cette partie, d'une zonule noirâtre circonscrivant la place occupée par les granulations. Tête et tentacules violâtres.

Cette jolie espèce habite sous les feuilles et les pierres, dans les environs de Mouy de l'Oise (Dr Baudon).

II. CARINELLA.

Carinella, *Jules Mabille in Sched.*, 1867.

Animal corpore mediocri, vel parvulo, carinato; carina valida in junioribus, sæpius in adultis obliterata.

ARION BOURGUIGNATI.

Arion Bourguignati, *Jules Mabille*, Archives mal., I, 3e fasc., p. 44, 1er mars 1868, et in Rev. et Mag. zool., 2e série, t. XX, p. 138, avril 1868.

Animal corpore lato, sicut compresso, carinato, antice posticeque non attenuato; ex albidulo griseo, in dorso nigricante, ad latera zonulis paululum incertis magis saturatis, ornato; carina dorsali, in speciminibus non adultis valida, acute prominente, in adultissimis evanescente ac ostendente solum lineam pallidiorem; rugis dorsalibus tenuibus, elongatis; pede sordide albidulo; margine pedis præsertim ad partem posteriorem, valde dilatato, lineolis obscuris vix perspicuis fimbriato; clypeo granuloso, e griseo nigrescente, fere rotundato, collum obtegente.

Longueur de l'animal en marche, 40 à 45 millim.

Animal un peu cylindrique, comme écrasé et épaté, aussi large à la partie antérieure qu'à la postérieure, et orné d'une arête carénante qui se prolonge sur le dos, du pore muqueux au bouclier; corps d'un gris blanchâtre sale, devenant plus obscur quand l'animal est très-adulte, noirâtre sur le dos et offrant sur les flancs une zonule également noirâtre, dont les bords sont vaguement définis. Carène dorsale, forte, aiguë et proéminente chez les jeunes individus, mais finissant par s'effacer chez les vieux, de telle sorte qu'il ne reste plus à sa place qu'une linéole plus pâle, un peu proéminente ; rides dorsales délicates, allongées; pied d'un blanc sale à bords frangés par de petites linéoles grisâtres; large et surtout développé à la partie postérieure, recouvert en partie par un petit mamelon saillant qui forme l'extrémité postérieure de la carène dorsale; appendice de la glande de forme triangulaire; orifice pulmonaire antérieur, échancrant fortement le bouclier ; bouclier de même teinte que le reste du corps, granuleux, presque rond, surtout lorsque l'animal est contracté, arrondi en avant et en arrière, et situé assez en avant pour recouvrir presque entièrement le cou ; tentacules supérieurs délicats peu allongés, les inférieurs très-exigus.

Cette espèce vit sous les morceaux de bois, sur le tronc des arbres, sous les pierres. On la rencontre en octobre et novembre, mais sa véritable époque d'apparition est de février en mai.

Aisne. — Forêts de Villers Cotterets, de Ris, environs de Soissons, de Braisnes, Château-Thierry, Charly, Laon.

Eure. — Vernon, les Andelys.

Loiret. — Malesherbes.

Oise. — Forêt de Compiègne vers Rethondes, forêts de Chantilly, de Carnelle, d'Ermenonville, de Senlis, de Hallatte, de Laigue.

Seine.— Bois de Vincennes et de Boulogne, Gentilly, Saint-Denis.

Seine-et-Marne. — Forêts de Fontainebleau, de Senart, d'Armainvilliers, de Crécy, Melun, Moret, Provins.

Seine-et-Oise. — Bois de Meudon, forêt de Marly, vallée de Laminière, Versailles, Bellevue, Corbeil, la Ferté-Aleps, Rambouillet.

ARION NEUSTRIACUS.

Arion Neustriacus, *Jules Mabille,* Arch. mal., I, 3e fasc., p. 43, mars 1867; et Rev. et Mag. zool., t. XX, p. 138, avril 1868.

Animal corpore elongato, subcompresso, carinato, antice posticeque vix attenuato, e griseo-rubescente, in dorso lineolis, ad latera zonulis nigrescentibus ornato; carina dorsali parum conspicua; rugis dorsalibus elongatis, confertis, tenuibus; pede sordide albidulo; margine pedis dilatato, ad partem posteriorem patulo, absque lineolis, punctulis flavis, minimis, solum sub lente conspicuis, munito; clypeo elongato, antice posticeque rotundato, eleganter confertimque granuloso.

Longueur de l'animal en marche, 35 à 38 millimètres.

Animal allongé, faiblement comprimé, à peine atténué en avant, un peu pointu en arrière, et orné d'une arête carénante qui se prolonge sur le dos, depuis la glande mucipare jusque vers le bouclier; assez apparente dans le jeune âge, cette carène s'oblitère chez les individus adultes, et n'est indiquée chez ces derniers que par une ligne un peu proéminente; corps d'un gris rougeâtre chez les individus adultes, lie de vin clair ou rosâtre chez les jeunes, présentant sur chaque flanc une zonule noirâtre, et sur la partie dorsale, vers la queue, chez quelques individus, des linéoles de la même couleur; rides dorsales allongées, serrées, fines, très-régulièrement disposées; pied d'un blanc sale; marge du pied dilatée et comme épatée dans la région caudale, sans linéoles transverses, mais offrant une série de points jaunes, visibles seulement à la loupe; bouclier allongé, arrondi en avant et en arrière, élégamment couvert de tubercules serrés, recouvrant presque tout le cou et orné d'une bande noirâtre marginale; orifice pulmonaire petit, très-antérieur; tentacules supérieurs très-petits, noirs, les inférieurs exigus.

Mâchoire peu arquée, jaune, mince, à extrémités lancéolées et aiguës, assez élargie à sa partie centrale: 12 à 15 dents assez larges, lisses, peu distinctes, terminées en pointe large et obtuse.

Cette espèce habite sous les pierres et au pied des plantes, dans les lieux humides; dans les bois, au bord des prairies; son apparition a lieu depuis la fin de février jusqu'en mai.

Aisne. — Forêt de Compiègne.

Seine. — Billancourt, Gentilly.

Seine-et-Oise. — Bois de Meudon, Sèvres, environs de Versailles.

ARION PALADILHIANUS.

Arion Paladilhianus, *Jules Mabille in Sched.*, 1869.

Animal corpore ovato-elongato, subcylindraceo, antice subattenuato, postice paululum acuminato, quandoque palulo, e viridi lutescente, vel viridescente, ad caudam luteolo; dorso obscure carinato; rugis lateralibus subovatis sat perspicuis, sulcis pallide griseis separatis, ac in partem medianam sublævigato (oculo nudo), vel tuberculis striisque inordinatis, solum sub lente perspicuis, ornato, munitoque; pede sordide ex albescente luteolo vel e cærulescente albidulo; margine pedis luteo, dilatato, præsertim ad caudam, e parte dorsali zonula albida, interrupta, parum perspicua, soluto, ac solum ad partem posteriorem 7-8 lineolis nigricantibus, subevanescentibus, fimbriato; clypeo oblongo, paululum dilatato, e viridi lutescente, antice nigrescente, utrinque rotundato; tuberculis parum perspicuis, parvulis, elongatis et sub lente maculis minimis, rufis, ornato; tentaculis aterrimis; capite aterrimo vel violacescente; tentaculis superioribus sublævigatis, elongatis, tenuibus; inferioribus parvis, pallidioribus.

Longueur de l'animal en marche, 40 à 45 millimètres.

Animal de taille médiocre, ovale-allongé, un peu cylindracé, atténué en avant, faiblement acuminé en arrière, bien que présentant cependant une queue épatée, d'un vert jaunâtre ou verdâtre et offrant ordinairement, vers la partie postérieure, une teinte d'un jaune plus vif; partie dorsale obscurément carénée et ornée, en outre, de deux ordres de rugosités; les flancs présentant des rugosités obovales très-apparentes, séparées par des sillons grisâtres peu profonds, tandis que la partie médiane du dos semble lisse à l'œil nu, mais, sous le foyer d'une forte loupe, elle offre à l'œil de l'observateur un mélange, sans ordre, de tubercules et de stries vermicellées; pied d'un blanc jaunâtre, quelquefois bleuâtre; bords du pied jaunes, dilatés surtout vers la partie caudale, et séparés de la dorsale par une zone blanchâtre interrompue et peu apparente, ornés, en outre, seulement vers l'extrémité postérieure, de sept à huit linéoles noirâtres peu distinctes.

Bouclier oblong, un peu dilaté, d'un vert jaunâtre, noirâtre en avant, arrondi à ses deux extrémités, couvert de petits tubercules peu apparents, allongés, et de fines taches rougeâtres visibles seulement avec le secours d'une loupe. Tête noire ou violâtre : tentacules noirs, les supérieurs presque lisses, allongés, délicats; les inférieurs petits, plus pâles.

Mâchoire extrêmement arquée, à peine brillante, jaune au sommet, d'un brun noir en son bord libre, à extrémités obtuses; fortement striée côtelée : stries fortes, arrondies, simulant des dents, mais ne dépassant pas le bord libre.

III. PROLEPIS.

Prolepis, *Moquin-Tandon*, Hist. Moll. France, II, p. 10 et 14, 1855.

Animal corpore mediocri, rugis ac sulcis dorsalibus parum validis, clypeo oblegente granis calcareis subagglomeratis ac limacellam imperfectam formantibus.

ARION FUSCATUS.

Arion fuscatus, *Férussac*, Hist. Moll., p. 65, pl. II, f. 7, 1819.

Animal corpore mediocri, subovato-elongato, antice valido, postice subattenuato, e pallide fuscato, ad latera griseo; rugis dorsalibus, subelongatis, parum perspicuis, sub lente paululum carinatis, subirregulariter dispositis, sulcis fuscescentibus impressis, separatis; pede albidulo cinerascente; margine pedis luteolo, lineolis fuscis præsertim ad caudam concinnato; clypeo ovato, tenuissime granuloso, e fusco-luteolo, ad marginem rufescente, zonula laterali ornato, quandoque unicolore; capite aterrimo.

Longueur de l'animal en marche, 30 à 40 millimètres.

Animal de taille médiocre, ovale-allongé un peu épais en avant et faiblement atténué en arrière; dos arrondi, d'un brun pâle, grisâtre sur les côtés; rides dorsales allongées, faibles, peu apparentes, faiblement carénées et peu régulières, séparées par des sillons grisâtres très-peu apparents; pied cendré ou d'un blanc cendré à bords blanchâtres et ornés de linéoles transverses noires, apparentes surtout vers la queue; bouclier ovale, très-finement chagriné, d'un brun jaunâtre, roussâtre au bord et orné, en outre, de chaque côté, d'une bande noirâtre; tête et tentacules de la même couleur que le corps, les inférieurs plus pâles.

Mâchoire un peu arquée, très-mince, pellucide, d'un jaune pâle, brillante, ornée de fines stries transverses peu visibles; extrémités obtusément arrondies; quinze à vingt dents, la médiane forte, apparente, simulant un bec rostriforme, les suivantes diminuant de grosseur et s'oblitérant presque en arrivant aux extrémités, non anguleuses ni côtelées, mais arrondies et terminées en pointe obtuse et peu saillante.

Cet Arion, essentiellement printanier, apparaît en mars, avril, mai ; il vit dans les bois, au pied des murailles, sous les pierres.

Aube.—La Ville-aux-Bois (M. Bourguignat), environs de Troyes (M. Ray).

Seine-et-Oise. — Bois de Meudon.

ARION HORTENSIS.

Limacella concava, *Brard*, Hist. Coq., Paris, p. 121, pl. IV, f. 7, 8 et 16-18, 1815.

Arion hortensis, *Férussac*, Hist. Moll., p. 65, fig. 4, 6, 1819.

— subfuscus (1), *Baudon*, Mém. Soc. Acad., II, p. 95 et 125, 1852.

— fuscus (2), *Baudon*, Nouv. Cat. Moll. Oise, p. 6, 1862.

— subfuscus (3), *Baudon*, Nouv. Cat. Moll. Oise, p. 6, 1862.

Animal corpore mediocri, cylindraceo, elongato, antice paulu-lum, postice vix attenuato; dorso e cinereo cærulescente, quandoque nigricante, rarius olivaceo rubescente, undique punctulis obscure luteis, sub lente solum perspicuis, maculato, ac zonulis nigris lateralibus ornato; rugis dorsalibus subvalidis, elongatis,

(1) Non *Arion subfuscus*, Férussac (*Limax subfuscus*, Draparnaud), espèce de la France méridionale; nec *Limax subfuscus*, C. Pfeiffer, espèce différente.

(2) Non *Limax fuscus*, Müller, espèce du genre *Arion*, spéciale à l'Allemagne.

(3) *Arion hortensis varietas*, Baudon in litteris.

sat regulariter dispositis, subacuminatis; pede rubescente; margine pedis angusto, obscure luteo, vel e griseo-albescente, absque lineolis; clypeo oblongo, postice paululum dilatato, antice rotundato, collum subobtegente, granuloso et maculis minimis luteis undique asperso.

Longueur de l'animal en marche, 30 à 45 millimètres.

Animal de taille médiocre, allongé, cylindracé, un peu atténué en avant et à peine en arrière: dos d'un gris bleuâtre ou cendré, quelquefois jaunâtre ou noirâtre, plus rarement d'un vert rougeâtre, tout parsemé de petits points d'un jaune obscur, visibles seulement sous le foyer d'une forte loupe, et orné, en outre, de bandes latérales noires partant de l'extrémité postérieure du bouclier et venant se terminer vers le pore muqueux; rides dorsales apparentes, allongées, régulièrement disposées, un peu aiguës, séparées par des sillons peu marqués; pied rougeâtre à bords étroits, d'un gris blanchâtre ou rougeâtre; bouclier oblong, petit, un peu élargi en arrière, arrondi à ses deux extrémités, recouvrant en partie le cou et couvert de granulations très-fines; orifice pulmonaire antérieur très-petit, ponctiforme.

Mâchoire très-arquée, d'un jaune roux au sommet, noire au bord libre, un peu granuleuse, à extrémités obtuses. Dents nombreuses, petites, fines, peu visibles, à peine saillantes hors du bord libre.

L'Arion hortensis est assez abondamment répandu dans toutes nos contrées; il vit sous les pierres, sous les feuilles mortes, au pied des murailles, sous la mousse. On le rencontre pendant toute l'année; cependant sa véritable époque d'apparition commence en février et se termine en juin.

Aube. — « Les bois dépendants de la forêt d'Orient, la

Ville-aux-Bois, Vendeuvre, Amances (M. Bourguignat); » les environs de Troyes, de Tonnerre (M. J. Ray).

Aisne. — Environs de Villers-Cotterets, Fleury, Montgobert, la Ferté-Milon, Soissons, Charly, Jaulgonne, Laon.

Eure. — Coteaux de Vernon, Vernonet, vallée de l'Epte, Maineville.

Eure-et-Loir. — Forêt de Dreux, Epernon, Maintenon, vallée de l'Eure, environs de Chartres.

Loiret. — Environs de Malesherbes à Buthiers, Tresan, Briare, toute la vallée de l'Essonne.

Oise. — « Les environs de Mouy (Dr Baudon), » forêt de Compiègne, Pierrefonds, Senlis, Ermenonville, Beauvais, Gisors, étangs de Comelle.

Seine. — Saint-Denis, bois de Vincennes, de Boulogne, Gentilly, Arcueil, etc.

Seine-et-Marne. — Meaux, Lagny, Crecy, Melun, environs de Fontainebleau, Moret, Nemours, Armainvilliers, Provins.

Seine-et-Oise. — Sèvres, Saint-Cloud, bois de Meudon, de Versailles, forêt de Bondy, de Montmorency, Arpajon, la Ferté-Aleps, Lardy, Etampes, environs de Rambouillet.

Yonne. — Villeneuve-la-Guiard, Ferrières, environs de Sens, forêt d'Othe.

ARION DISTINCTUS.

Arion distinctus, *Jules Mabille*, Arch. mal., I, 3e fasc., p. 42, 1er mars 1868, et Rev. et Mag. zool., t. XX, p. 137, avril 1868.

Animal corpore gracili, elongato, supra paululum planulato, non carinato, antice posticeque attenuato, e grisco luteolo, in dorso nigrescente, ad latera zonulis nigricantibus ornato; rugis dorsalibus parvis, parum elongatis, granulosisque; pede sordide luteo; margine pedis absque lineolis, quandoque punctulato; clypeo sublævigato, ovato-elongato, extremitatibus rotundato, antice attenuato, zonula nigrescente postice interrupta, circumcincto.

Longueur de l'animal en marche, 25 à 28 millim.

Animal mince, assez grêle, allongé, un peu plat en dessus, atténué à ses deux extrémités, d'un gris jaunâtre passant au noirâtre vers la partie postérieure du dos, orné, sur le flanc, d'une zonule noirâtre ; rides dorsales faibles, peu visibles, finement granuleuses, un peu allongées; pied d'un jaune sale; marge du pied sans linéoles transverses, mais offrant quelques faibles points jaunâtres, particulièrement vers la partie postérieure; glande mucipare petite, à appendices obtus; bouclier ovale-allongé, atténué en avant, arrondi aux extrémités, orné d'une bande circulaire noirâtre, interrompue seulement vers l'extrémité postérieure; orifice pulmonaire très-antérieur, petit, échancrant faiblement le bouclier; tête et tentacules d'un beau noir, les supérieurs délicats, très-petits, les inférieurs rudimentaires.

Mâchoire très arquée, lisse, d'un brun rougeâtre, à extrémités atténuées et obtuses. Dents très-fines, petites, arrondies, distinctes, assez apparentes et dépassant le bord libre seulement dans sa partie centrale.

Cette charmante espèce vit sous les pierres et au pied des plantes, dans les jardins et dans les parcs. Elle apparaît vers le mois de mars.

Seine-et-Oise. — Sèvres.

ARION TENELLUS.

Arion tenellus, *Millet*, Moll. Maine-et-Loire, p. 11 (*en observation*), 1859 (*excl. syn. Mulleriano*) (1).

— tenellus, *Baudon*, Nouv. Cat. Moll. Oise, p. 7 (*excl. syn. Mulleriano*), 1862.

— tenellus, *Bourguignat*, Moll. nouv. litig., etc., I, 6e fasc., p. 175, pl. XXIX, f. 5-7, 1866.

Animal corpore mediocri, cylindrico, subelongato, postice non attenuato, dorso uniformiter e viridulo-glaucescente, ad marginem pedis e luteolo-viridescente ; rugis dorsalibus subvalidis, elongatis, confertis, sulcis parum impressis separatis, regulariter dispositis, subacuminatis; pede viridescente ; clypeo oblongo, magno, pallidiore, utrinque rotundato, tenuissime eleganterque granuloso, collum subobtegente.

Longueur de l'animal en marche, 50 à 55 millim.

Animal de taille médiocre, peu allongé, atténué en avant et à peine en arrière, d'une couleur uniforme, d'un beau vert glauque, un peu plus pâle sur les côtés; dos couvert de rides un peu apparentes, très-fines, fort serrées, régulièrement disposées, allongées et séparées par des sillons peu profonds ; pied peu distinct du corps, gris bleuâtre en dessous, parfois blanchâtre, à bords jaunâtres, sans aucune trace de linéoles; bouclier de même couleur que le corps, mais plus pâle, oblong, un peu grand, recouvrant le cou, arrondi à ses deux extrémités, très-élé-

(1) Il ne faut pas confondre cette espèce avec le *Limax tenellus*, Müller. Cette dernière appartient au genre *Limax*, et semble spéciale à l'Allemagne du Nord et à la Suède.

gamment et très-finement chagriné : orifice respiratoire très-petit, ponctiforme, placé à la partie antérieure de la cuirasse, offrant un sinus très-oblique, à peine apparent. Tête et tentacules d'un noir intense ; tentacules supérieurs courts, un peu renflés à leur base, lisses, les inférieurs à peine visibles. Pore muqueux caudal très-faible.

Mucus peu abondant, assez épais et gluant, blanc, rarement jaunâtre, à peine irisé, un peu filant.

Mâchoire très-arquée, mince, transparente, jaune ambrée au sommet, jaune noirâtre au bord libre, peu brillante, lisse; extrémités obtuses, faiblement tronquées ; 12-14 dents espacées, arrondies, terminées en une pointe courte obtuse.

L'*Arion tenellus* habite les grandes forêts, sous la mousse et sous les feuilles mortes. On le rencontre, par les temps pluvieux, sur le tronc des arbres et sur la terre. Il se montre pendant presque toute l'année; mais, néanmoins, l'époque réelle de son apparition a lieu de septembre à décembre et de janvier à mai. Pendant ces deux époques on le voit ramper par troupes sur le corps des vieux arbres, sur les mousses, et au bord des fossés.

Aube.—Forêt d'Orient, la Ville-aux-Bois (M. Bourguignat).

Aisne. — Forêts de Villers-Cotterets, de Ris, de Fère-en-Tardenois.

Eure. — Forêts de Vernon, de Vernonet.

Oise. — Forêts de Laneuville-en-Hez (M. Baudon), de Compiègne, de Chantilly, d'Ermenonville.

Seine-et-Marne.— Forêts de Fontainebleau, d'Armainvilliers, de Crécy.

Seine-et-Oise. — Bois de Meudon, de Bondy, de Montmorency.

GEOMALACUS.

Limax (pars), *Morelet,* Moll. Portugal, 1845; — Geomalacus, *Allmann,* in Ann. and Magaz. nat. Hist., vol. XVII, p. 297, pl. IX, f. 1-5, 1846; — Arion (pars), *Normand,* 1852; — Geomalacus, *Forbes* et *Hanley,* 1853; — *Jeffreys,* 1862; *L. Reeve,* 1863; — *Jules Mabille,* 1867; — *Baudon,* 1868.

Animal corpore ovato-elongato, subcylindraceo, tuberculis plus minusve rotundatis vel elongatis, ornato, quandoque lævigato, ac maculis minimis nigris, luteis, albis, etc., undique sparsis, nunquam coadunatis, munito; supra rotundato, non carinato; clypeo parvo, tuberculato aut lævigato, rotundato, ad partem anteriorem corporis sito, testam planulatam, ovatam obtegente; tentaculis 4, conico-cylindraceis, parum elongatis, superioribus oculiferis; maxilla lunata, ad medium non rostrata, sulcis numerosis, dentibusque anticis ornata; cavitatis pulmonaris orificio ad partem anteriorem clypei dextrorsumque; generationis apertura ad basin tentaculi inferioris dextri; sito poro mucoso terminali valido.

Testa (limacella) ovata vel ovato-elongata, planulata, fragili.

Animal allongé, subcylindriforme, à peau lisse ou recouverte de tubercules arrondis ou allongés, plus ou moins prononcés, et ornés, en outre, d'une infinité de petites taches noires, jaunes, blanches, dorées, etc., suivant les espèces. Bouclier très-antérieur, petit, ovale ou arrondi, lisse ou tuberculeux; 4 tentacules gros, conico-cylindriques, courts, les supérieurs oculés au sommet. Mâchoire arquée en forme de fer à cheval, denticulée, sans rostre médian. Orifice pulmonaire très-antérieur à droite et à la marge du bouclier. Orifice de la génération placé entre le bouclier et la base du petit tentacule droit. Glande mucipare caudale très-prononcée. Coquille rudimentaire (limacelle) placée sous la partie postérieure de la cuirasse, mince, petite, fragile, ovale, très-aplatie.

Ainsi que nous l'avons précédemment énoncé (1), les espèces du genre qui nous occupent, en ce moment, appartiennent au grand centre de formation hispanique : elles se sont acclimatées en France et jusqu'en Angleterre d'après les lois naturelles qui régissent la répartition géographique des espèces en Europe (2).

Cette acclimatation a dû commencer par les régions soumises à l'influence maritime, son action ayant eu lieu du sud au nord, ainsi que nous pouvons encore le constater, par la présence, sur différents points de notre littoral océanien, en France et dans diverses localités de l'Angleterre, d'espèces essentiellement hispaniques. Parmi ces espèces, l'on peut citer l'Helix Quimperiana et l'Ancylus strictus, observés à Vannes, à Quimper, à Lorient, à Brest; les Helix limbata, revelata, psaturochæta, corrugata, dont la présence a été signalée à Saint-Jean-de-Luz, Bayonne, Bordeaux, la Rochelle, Chinon, Belle-Ile-en-Mer, Vannes, Brest, Morlaix, Saint-Brieuc, Dinan, Rouen, Dieppe, Boulogne-sur-Mer, et dans certaines parties de l'Angleterre (3). De plus, cette acclimatation n'a pu s'effectuer qu'à une époque où les îles Britanniques faisaient encore partie du continent européen,

(1) *Archives mal.*, I, p. 5, 1867.

(2) Voir, pour l'exposé de ces lois et des principes de la malacostatigraphie européenne, l'ouvrage de notre savant ami Bourguignat, *Malacologie de l'Algérie*, t. II, p. 365.

(3) Du moins pour un certain nombre des espèces précitées.

et alors qu'il était possible d'observer en ces contrées, à l'état vivant, les espèces dont on retrouve, chaque jour, les restes fossiles dans les terrains de la période quaternaire (1).

Les espèces connues du genre Geomalacus peuvent être classées ainsi qu'il suit :

A. Eugeomalacus : animal orné de tubercules plus ou moins apparents.

Geomalacus maculosus, *Allmann*, 1846, espèce d'Angleterre.
— Andrewsi, *Jules Mabille*, 1867, espèce d'Irlande.
— intermedius, *Jules Mabille*, 1867, de Valenciennes et de la région de l'Est.
— Bourguignati, *Jules Mabille*, 1867, de la France centrale.
— Paladilhianus, *Jules Mabille*, 1867, des environs de Paris.
— Mabilli, *Baudon, in litteris*, 1868, Mouy de l'Oise.
— anguiformis, *Jules Mabille*, 1867, du Portugal.

B. Lævigati : animal lisse ou du moins orné de tubercules non visibles à l'œil nu.

Geomalacus Vendeianus, *Letourneux*, 1869, espèce de la Vendée.

(1) Tel est, par exemple, l'*Unio rhomboideus*, espèce ne vivant plus en Angleterre, mais trouvée abondamment dans les couches quaternaires de ce pays, suivant M. Prestwich.

Geomalacus Moitessierianus, *Jules Mabille,* 1867, environs de Paris.

Les animaux composant ce genre sont toujours de petite taille, timides, assez lents dans leurs mouvements; ils n'apparaissent qu'en hiver et semblent habiter, de préférence à toutes les autres localités, les bois et les forêts. On les trouve sous les feuilles mortes, sous les branches de bois tombées à terre, sous et sur la mousse. Rares dans les forêts où domine le hêtre, nous les avons toujours trouvés abondamment répandus dans celles où le chêne l'emportait sur les autres essences forestières.

Voici la description des espèces parisiennes :

I. EUGEOMALACUS.

Animal corpore plus minusve tuberculis, oculo nudo, conspicuis, ornato.

GEOMALACUS BOURGUIGNATI.

Geomalacus Bourguignati, *Jules Mabille,* in Rev. et Mag. zool., 2e série, t. XIX, p. 58, 1867.

— Bourguignati, *Jules Mabille,* Archives mal., t. Ier, p. 9, 1867 (février).

Animal corpore mediocri, cylindrico, postice rotundato, vix attenuato (contracto, sicut gibboso); griseo vel lutescente aut rarius subrosaceo-violaceo, ad latera zonulis magis saturatis ornato ac omnino tuberculoso (tubercula fere rotundata, nigrescentia ac prominentia), tandem innumeris maculis minutissimis aut magis saturatis aut pallidioribus undique asperso; pede griseo vel luteolo. Capite nigrescente. Clypeo valde antico, ovato, antice posticeque rotundato, granuloso ac limacellam parvulam, tenuissimam, protegente.

Longueur de l'animal en marche, 15-18 millim.

Animal peu développé, trapu, cylindrique, peu atténué à son extrémité postérieure, se terminant même en dos d'âne lorsqu'il est contracté. Tissu épidermique grisâtre, jaunâtre ou quelquefois d'un violet légèrement rosacé, un peu plus nuancé sur la partie dorsale, et offrant de chaque côté une bande d'une teinte plus foncée. Corps entièrement recouvert de petits tubercules saillants, noirâtres, presque arrondis ; enfin présentant, en outre, de tous côtés, une infinité de petites taches irrégulièrement éparses, plus foncées (lorsque l'épiderme est jaunacé ou rosacé), ou moins nuancées (lorsqu'il est grisâtre). Pied grisâtre ou jaunacé. Mucus épais, jaune. Bouclier très-antérieur, ovale, arrondi en avant et en arrière, de même teinte et tuberculeux comme le reste du corps. Tête noirâtre. Tentacules supérieurs gros et courts ; inférieurs excessivement exigus.

Mâchoire cornée, arquée en fer à cheval, sans rostre médian, légèrement denticulée.

Limacelle ovale, petite, mince et transparente comme une pelure d'oignon.

Lorsque ce Geomalacus a séjourné quelque temps dans l'alcool, il perd toutes ses petites maculatures. Son épiderme devient moins tuberculeux. Les éminences tuberculeuses s'émoussent, s'allongent un peu et se circonscrivent. Dans cet état, il ressemble assez à un jeune Arion.

Cette espèce habite nos bois et nos grandes forêts sous

les feuilles mortes, sous les morceaux de bois. Son apparition a lieu de janvier en avril.

Aisne. — Forêts de Villers-Cotterets, de Ris, environs de Soissons.

Oise. — Forêts de Chantilly, de Hallate, environs de Pierrefonds.

Seine. — Bois de Boulogne, de Vincennes.

Seine-et-Oise. — Bois de Meudon, forêts de Montmorency, de Bondy.

GEOMALACUS PALADILHIANUS.

Geomalacus Paladilhianus, *Jules Mabille,* in Rev. et Mag. zool., 2e série, XIX, p. 60, 1867 (février).

— Paladilhianus, *Jules Mabille,* Archives malacologiques, t. I, p. 11, 1867 (février).

Animal corpore elongato, cylindrico, postice non attenuato; plus minusve nigrescente, ad latera, zonulis magis saturatis ornato, ac omnino tuberculoso (tubercula elongata, saturata, parum prominentia), tandem innumeris maculis minutissimis luteo-aureis, irregulariter sparsis, undique (præsertim ad latera) asperso; pede luteo, capite nigrescente; clypeo valde antico, oblongo, antice posticeque rotundato, tuberculoso (tubercula minus elongata), ac limacellam oblongam, tenuissimam protegente.

Longueur de l'animal en marche, 30 à 35 mill.

Animal allongé, cylindrique, non atténué à sa partie postérieure; tissu épidermique plus ou moins noirâtre, quelquefois d'un beau noir, offrant, de chaque côté, une zone plus foncée. Corps entièrement recouvert de tubercules allongés, d'une nuance plus accentuée, peu proéminents, placés les uns contre les autres en lignes presque parallèles, et présentant, en outre, une infinité de petits points d'un beau jaune doré, irrégulièrement espacés, mais ordinairement plus nombreux de chaque côté de la partie dorsale. Pied jaunâtre; mucus épais, d'un jaune doré. Bouclier allongé, de même nuance que le reste du corps, orné de tubercules irréguliers peu allongés, disposés en lignes non symétriques. Tête noirâtre; tentacules supérieurs assez allongés; inférieurs exigus.

Mâchoire cornée, arquée, denticulée à sa partie interne, sans rostre médian.

Limacelle oblongue, petite, tellement mince et délicate qu'il est difficile de l'apercevoir.

Lorsqu'elle a séjourné dans l'alcool, cette espèce blanchit un peu vers le plan locomoteur et de chaque côté de la partie médiane du dos ; comme le Bourguignati, il perd toutes ses jolies petites taches d'un jaune doré, et ses tubercules s'amoindrissent et se modifient à ce point, que l'animal ressemble assez bien à certaines variétés de l'Arion hortensis.

Le *G. Paladilhianus* habite les grandes forêts, sous les feuilles mortes et les bois pourris; par les temps pluvieux, on le rencontre rampant sur la terre et sur les mousses. Son apparition a lieu de novembre en mars.

Seine-et-Oise.— Forêt de Meudon.

ORGANES REPRODUCTEURS DU PALADILHIANUS.

L'anatomie des espèces de ce genre étant à peine connue, nous donnons ici la description de l'appareil reproducteur de l'une des espèces parisiennes, appareil que nous faisons représenter pl. IV, fig. 4.

A. Glande hermaphrodite d'un noir intense, un peu aplatie, de forme à peu près arrondie, paraissant ne former qu'une seule masse à peine divisée par quelques faibles filaments verdâtres.

B. Canal excréteur jaune roux, mince à son origine, augmentant assez rapidement de volume, un peu sinueux et formant de nombreux replis avant de venir se loger dans l'excavation de la glande albuminipare.

C. Glande albuminipare linguiforme, allongée, arquée à son extrémité, de couleur jaune-verdâtre, tordue sur elle-même à sa base et formant en cette partie une espèce de canal ou d'excavation dans laquelle vient s'engager le canal excréteur.

D. Prostate très-développée formant de nombreux replis, appliquée sur la matrice, élargie dans certaines parties, fortement contractée et resserrée dans d'autres, d'un ton verdâtre.

E. Matrice jaune paille très-pâle, assez large et, par endroits, comme boursouflée.

F. Oviducte de la même couleur, peu développé, plutôt étroit que large, un peu sinueux et comme étranglé à sa partie médiane.

G. Vagin jaune pâle, se présentant sous la forme d'un gros boyau un peu atténué à ses deux extrémités, partant de l'orifice de l'oviducte et descendant directement à la bourse commune.

H. Glande copulatrice grande, rougeâtre, ovoïde et en forme de sac ou de vessie repliée sur elle-même.

I. Canal de la glande copulatrice jaune rougeâtre, un peu arqué, court et grêle.

J. Canal déférent grisâtre, mince, sinueux, partant

de la prostate pour venir s'insérer à l'extrémité du fourreau de la verge.

K. Fourreau de la verge jaune grisâtre, un peu renflé.

L. Bourse commune sous la forme d'un sac élargi d'un ovale assez mal défini, rétréci à sa terminaison et venant déboucher au-dessous du grand tentacule droit.

GEOMALACUS MABILLI.

Geomalacus Mabilli, *Baudon, in litteris,* mars 1868.
— Mabillei, *Baudon, in Journ. Conch.*, VIII, p. 142, avril 1868.

Animal corpore elongatulo, patulo, supra tereti-convexiusculo, antice paululum attenuato, postice subattenuato obtusoque, griseo vel e griseo luteolo; rugis dorsalibus parum validis, elongatulo-ovatis, sulcis parum impressis separatis; pede e griseo albidulo; margine pedis rufescente vel e pallide luteolo, lineolis pallidioribus ornato; clypeo ovali, antice subdilatato, extremitatibus rotundato, et luteolo griseo, tuberculis minimis, sat densis, ac zonula parum conspicua ornato, collumque suboblegente; tentaculis superioribus cylindraceis, nitidis, fuscis, inferioribus minimis pallidioribus.

Longueur de l'animal en marche, 12 à 15 millim.

Animal de petite taille, peu allongé, un peu trapu, d'un gris jaunâtre ou parfois d'un gris uniforme, orné, en outre, sur chaque flanc, d'une bande cendrée peu apparente. Partie dorsale couverte de rugosités peu saillantes, ovales-allongées, espacées, séparées par des sillons peu marqués. Pied d'un gris blanchâtre, ordinairement plus foncé vers le centre, quelquefois d'un jaune vif; bouclier

*

arrondi à ses deux extrémités, de la même teinte que le corps ou jaune-grisâtre, orné de granulations très-fines et d'une zonule latérale peu visible recouvrant en partie le cou; tentacules supérieurs cylindriques brillants, bruns, peu renflés au sommet, couverts de rares tubercules peu saillants; les inférieurs très-petits, plus pâles, transparents.

Limacelle sans forme bien déterminée, très-mince, presque sans consistance, supportant ordinairement « une ou plusieurs granulations calcaires de diverses dimensions. Si elles sont multiples, il en existe une plus grande : c'est un noyau informe, entouré de petits grains tendres de nouvelle formation, composés eux-mêmes de molécules grossièrement assemblées. » (Dr Baudon.)

Mâchoire peu arquée, brune à son bord libre, à extrémités obtuses et ornée de denticulations peu apparentes.

Ce Geomalacus diffère du *Bourguignati* par ses tubercules peu apparents, un peu allongés et espacés; par l'absence des maculatures qui ornent les tubercules de ce dernier; le *Paladilhianus* diffère du Mabilli par sa coloration noirâtre, par ses tubercules serrés et allongés; le *Moitessierianus* par le manque de tubercules et par les mouchetures dont son corps est couvert.

Cette espèce vit sous les pierres, sous les morceaux de bois, les feuilles mortes, dans les bois et dans les champs.

Oise. — Les environs de Mouy, particulièrement à Mérard, Angy, dans la forêt de Hez, Morainval (Dr Baudon), forêt de Laigue vers les Bonshommes.

B. LÆVIGATI.

Animal corpore lævigato, vel tuberculis oculo nudo inconspicuis instructo.

GEOMALACUS MOITESSIERIANUS.

Geomalacus Moitessierianus, *Jules Mabille*, in Revue et Mag. zool., 2e série, t. XIX, p. 61, 1867, février.

— — *Jules Mabille*, Archiv. malac., t. Ier, p. 12, 1867, février.

Animal corpore elongato, cylindrico, postice vix attenuato; griseo lutescente, plus minusve passim saturato, ad latera sub zonulis obscure ornato, nitente, lævigato, aut (sub lente) obscure subtuberculoso, ac irregulariter maculis pallidioribus plus minusve luteolis undique asperso; pede sordide lutescente; capite atro violaceo; clypeo oblongo, antice posticeque rotundato, lævigato, limacellam oblongam, tenuissimam protegente.

Longueur de l'animal en marche, 25 à 30 millimètres.

Animal allongé, cylindrique, légèrement atténué à sa partie postérieure. Tissu épidermique d'un gris jaunacé, d'une nuance plus ou moins foncée par place, avec une partie dorsale quelquefois d'un ton assez accentué et présentant sur les côtés un sentiment de bandes. Corps luisant, gélatineux, lisse ou paraissant posséder, vu au foyer d'une forte loupe, des rudiments de tubercules larges, effacés, mal circonscrits; enfin présentant des multitudes de mouchetures irrégulières moins foncées ou plus ou moins jaunacées, suivant les nuances du tissu épidermique. Pied d'un jaune sale. Mucus jaune. Bouclier oblong, arrondi en avant et en arrière, de même couleur que le reste du corps, lisse, gélatineux. Tête d'un noir violacé; tentacules supérieurs assez allongés, inférieurs très-courts.

Mâchoire arquée, jaunâtre, denticulée, sans rostre médian. Limacelle oblongue, petite, mince et pellucide.

Dans l'alcool, ce Geomalacus perd également ses taches, et son corps prend une apparence terne d'un gris jaunacé plus ou moins foncé ; comme le *Paladilhianus*, cette espèce semble n'habiter que les grandes forêts. Elle apparaît de janvier en avril.

Seine-et-Oise. — Les bois de Meudon vers Bellevue.

LIMACIDÆ.

Limaciens (pars), *Lamarck*, 1809 ; — Limacidæ, *Gray*, in Ann. Phil., 1824 ; — *Bourguignat*, 1864 ; — *Jules Mabille*, 1868.

KRYNICKILLUS.

Limax (pars), *Draparnaud*, Tabl. Moll., p. 104, 1801, et Hist. Moll. France, p. 128, 1805. — *Morelet*, Moll. Portugal, 1844. — Krynickillus, *Cornalia*, Giornale di Malac., 1854. — Malino, *Gray*, Cat. of Pulm. Brit. Museum, 1855. — Krynickia, *Fischer*, Journ. conch., t. V, 1856. — Krynickillus, *Bourguignat*, Mal. Algérie, t. Ier, 1864. — *Jules Mabille*, Arch. mal., I; et Rev. et Mag. zool., t. XIX, 1867.

Animal corpore elongato, subcylindraceo, supra carinato vel rotundato, rugis obsoletis vel tuberculis ornato ; clypeo maximo, antice soluto, ac transverse sulcato, postice gibbosiusculo striisque longitudinalibus munito, vel uniformiter granuloso, ad partem anteriorem corporis sito, testam parvam, sat crassam, fragilem antice convexiusculam posticeque depressam ac subrostratam, obtegente ; tentaculis 4, conico-cylindraceis, superioribus oculiferis ; cavitatis pulmonaris orificio postico, ad marginem clypei ; generationis apertura ad basin tentaculi dextri.

Maxilla medio rostrata, absque dentibus ac sulcis; poro mucoso nullo.

Animal allongé, cylindriforme, postérieurement caréné ou arrondi, orné de rides ordinairement peu apparentes ou de tubercules, quelquefois lisse ; bouclier grand, libre antérieurement, adhérent en arrière : la portion antérieure mobile fait à peu près l'office d'un balancier ; ses oscillations aident, en quelque sorte, l'animal à accélérer sa marche. Ce bouclier est, en outre, suivant les espèces, chagriné ou orné de striations de deux ordres ; dans ce dernier cas, sa partie postérieure offre des stries longitudinales, tandis que celles que l'on observe à la partie antérieure ne sont ni concentriques ni parallèles aux premières, mais sont transverses et simulent des bourrelets assez élevés et régulièrement espacés.

Les espèces de ce genre dépendent toutes du grand centre de formation taurique : c'est, en effet, dans les pays du Caucase, du Taurus, en Crimée, que vivent en grande quantité les représentants du genre Krynickillus.

Ainsi que nous l'avons déjà dit pour les Geomalacus, les espèces de ce second genre, en sortant de leur centre de formation et en se répandant dans les autres contrées européennes, ont envahi tout le bassin méditerranéen, en y comprenant les parties actuellement connues de l'Afrique méditerranéenne, la péninsule hispanique, puis quelques parties des Alpes, la France et même l'Angleterre et la Suède, si nous en croyons quelques auteurs qui signalent le *brunneus* comme ayant été recueilli dans ces dernières contrées : pour les Krynickillus, la propagation a eu lieu, comme pour les Geomalacus, du sud au nord, mais aussi et surtout d'orient en occident.

Les Krynickillus européens aujourd'hui connus se divisent en deux groupes, dont voici les caractères :

I. Malino, *Gray*, Cat. of Pulm. Brit. Mus., p. 178, 1855 ; — sous-genre Malino, *Bourguignat*, Mal. Algérie, I, p. 40, 1864. — Espèces dont le bouclier offre deux ordres de striations, les unes antérieures et transverses en forme de bourrelets, les autres postérieures, non concentriques ni parallèles aux antérieures.

Les espèces de ce groupe sont :

Krynickillus melanocephalus, *Kaleniczenko*, Bull. Soc. nat. Moscou, 1851. — Espèce du Caucase.

— Dymczeviczi, *Kaleniczenko*, loc. cit., 1851 ; espèce de la Crimée.

— lombricoides, *Bourguignat*, Mal. Algérie, 1864; (*Limax lombricoides*, *Morelet*, *Moll. Portugal*, 1846; — *Malino lombricoides*, *Gray*, *Cat. Pulm. Brit. Mus.*, 1855. — Espèce de l'Espagne et du Portugal.

— Brondelianus, *Bourguignat*, Mal. Algérie, 1864; (*Limax Brondelianus*, *Bourguignat*, *Spic. mal.*, 1861). — Espèce de l'Algérie.

— lævis, *Jules Mabille in Sched.*, 1869 (*Limax lævis*, *Müller Verm. Hist.*, II, 1774). — Espèce du Danemark et de la Suède.

— brunneus, *Jules Mabille*, *Archives mal.*, 1867 (*Limax brunneus*, *Draparnaud*, *Tabl. Moll.*, 1801). — Espèce de la France, de la Suisse et de l'Angleterre (1).

(1) Le *Kryn. brunneus* habiterait les différentes parties de l'Angleterre, suivant : Sowerby, *Index of Shells*; — Lowel Reeve, *Land*

II. Malinastrum, *Bourguignat*, Mal. Algérie, I, p. 41, 1864 ; espèces dont le manteau est simplement chagriné.

Ces espèces sont :

Krynickillus *minutus*, *Kaleniczenko,* loc. cit., 1851. — Espèce du Caucase.

— megaspidus, *Bourguignat*, Mal. Algérie, 1864 ; (*Limax megaspidus*, *de Blainville*, 1817). — Patria ignota.

— eustrictus, *Bourguignat,* Moll. nouv., etc., I, p. 60, pl. xxxii, f. 1-6, 1866. — Espèce de Syrie.

— maculatus, *Kaleniczenko,* loc. cit., 1861. — Espèce de la Crimée.

— subsaxanus, *Bourguignat,* Mal. Algérie, 1864. — Espèce de l'Algérie.

— Cyrniacus, *Jules Mabille*, Archives mal., 1867. — Espèce de la Corse.

Telles sont, à notre connaissance, les espèces actuellement connues de ce genre intéressant.

La faune parisienne comprend deux *Krynickillus* appartenant à la section *Malino;* voici la synonymie et la description de ces espèces :

KRYNICKILLUS BRUNNEUS.

Limax brunneus, *Draparnaud,* Tabl. Moll., p. 104, 1801 ; et Hist. Moll. France, p. 128, 1805.

and fresh water moll. indig. or. nat. in the Brit. isles ; — Forbes and Hanley, *Hist. of Brit. moll. ;* — mais nous sommes porté à croire que, sous cette appellation, ces différents auteurs ont voulu signaler le *Krynickillus lævis.*

Limax parvulus, *Normand,* Descript. Limaces nouv., p. 8, 1852.

— arenarius, *Gassies,* in Act. Soc. Linn. Bordeaux, p. 117, pl. 1re, f. 1re (mauvaise), 1867.

Krynickillus brunneus, *Jules Mabille,* Archives mal., I, fasc. 3, p. 47, mars 1868; et Rev. et Mag. zool., 2e série, t. XX, p. 141, avril 1868.

Animal corpore gracili, cylindraceo, supra convexo, postice anticeque attenuato; dorso uniformiter nigrescente, immaculato, ad partem posticam obsolete breviter carinato, ad latera paululum pallidiore; rugis dorsalibus subvalidis elongatis, sulcis parum impressis separatis; pede e nigro-rubescente; clypeo maximo, ovato-elongato, utrinque rotundato; postice gibboso, ac longitudinaliter striatulo et rugosiusculo, antice transversim sulcato, nigro vel rufescente et sub lente exiguis maculis fuscis asperso; tentaculis aterrimis, superioribus parum elongatis, tuberculis nigris ornatis; inferioribus parvis sublævigatis; capite aterrimo colloque medio subcristato.

Animal mince, effilé, d'apparence vermiforme, assez agile, peu timide, d'un noir foncé en dessus, atténué en avant et en arrière ; dos noir sans taches ni bandes, quelquefois un peu rougeâtre, très-faiblement et courtement caréné vers l'extrémité caudale, et orné, en outre, de rides un peu apparentes, allongées, séparées par des sillons peu marqués ; pied moins foncé que le corps, d'un noir tirant sur le rouge ; bouclier un peu plus pâle que le corps, d'une longueur de 5 à 6 millimètres ; couvert, dans sa partie antérieure, de fortes stries transverses qui ont l'apparence de replis ou bourrelets, et, dans sa partie postérieure, de granulations et de stries vermicellées. Orifice respiratoire, situé à la marge et presque à la partie postérieure de la cuirasse, ovale-arrondi. Tête, cou et tentacules noirs : le cou, sillonné latéralement de rides profondes et régulièrement espacées, offre à sa partie supérieure une ligne plus élevée en forme de crête. Tentacules supérieurs gros, courts, renflés à la base, couverts de tubercules noirs assez forts, subglobuleux, comprimés latéralement, légèrement blanchâtres au sommet; point oculifère, placé sur le côté antéro-postérieur, noir; les inférieurs, à peine moitié des supérieurs; mucus liquide, peu gluant, un peu irisé. Mâchoire très-arquée, jaunâtre en son bord libre, noire au sommet, peu brillante, presque lisse ou plutôt d'apparence chagrinée; rostre médian isolé, court, obtus, tuberculiforme; extrémités arrondies en pointe, obtuses, simulant deux rostres latéraux.

Limacelle ovale-oblongue, très-mince, très-fragile, rappelant un peu la forme d'une valve d'*Unio amnicus*, un peu bombée antérieurement, aplatie et subrostrée postérieurement, à stries longitudinales effacées, à peine visibles sous une forte loupe.

Ce *Krynickillus* vit sous les feuilles mortes, sous les pierres, sous les morceaux de bois, dans tous les lieux humides, particulièrement au bord des étangs et des rivières. Son époque d'apparition commence en octobre et se termine vers la fin de mai.

Aube. — « La Ville-aux-Bois (M. Bourguignat). »

Aisne. — Environs de Villers-Cotterets, de Soissons, « bords de la Marne à Jaulgonne (MM. Lallemant et Servain). »

Oise. — Forêt de Compiègne vers Pierrefonds, aux étangs Saint-Pierre, à Saint-Sauveur, à Vieux-Moulin, forêt de Laigue, d'Ermenonville, « environs de Mouy (Dr Baudon, in litt.). »

Seine. — Marais de la Bièvre à Arcueil, bois de Vincennes, Châtenay, Saint-Denis, bords de la Seine et de la Marne.

Seine-et-Oise. — Bois de Meudon, forêts de Bondy, de Montmorency, de l'Ile-Adam, Montgeron, Jouy-en-Josas, étangs de Saclé, de Trappes.

KRYNICKILLUS BOURGUIGNATI.

Krynickillus Bourguignati, *Jules Mabille in Sched.*, 1869.

Animal corpore parvulo, elongato, cylindracco, antice paululum attenuato, postice acuminato; supra tereti-convexo, ad caudam breviter carinato; nigrescente vel fuscescente, ad latera rufescente, rugis dorsalibus validis, elongatis, regulariter dispositis, subgranosis ac carinatis; clypeo maximo fusco, oblongo, antice soluto ac rotundato, rugisque transversis parum perspicuis, postice truncato ac rugis subinordinatis solum sub lente perspicuis, munito; pede rufescente ad medium pallidiore; capite tentaculisque obscure violaceis.

Longueur de l'animal en marche, 20 à 30 millim.

Animal de petite taille, allongé, assez grêle, cylindracé, un peu vif, caréné, très-atténué en arrière et assez brusquement acuminé, un peu atténué en avant; partie dorsale noirâtre ou d'un brun noirâtre, roussâtre vers les flancs, et ornée, en outre, de rugosités bien apparentes, allongées, terminées en carènes aiguës, régulièrement disposées, peu serrées et d'apparence chagrinée; bouclier très-grand d'un noir tirant sur le rouge; oblong, arrondi en avant et orné, en cette partie, de sillons transverses en forme de bourrelets, espacés et peu accusés; obscurément tronqué postérieurement et couvert, au-dessus de la limacelle, de rides presque concentriques et peu apparentes; pied roussâtre plus clair en son milieu, à bord de même couleur sans traces de linéoles.

Limacelle très-petite, un peu épaisse, oblongue, arrondie en arrière, atténuée et un peu triangulaire en avant, d'un blanc grisâtre, ornée de stries concentriques peu apparentes.

Mâchoire assez arquée, assez solide, jaune, un peu brillante, à extrémités obtuses et atténuées ; rostre médian, obtus, conique, assez prononcé.

Ce nouveau Krynickillus, que nous dédions à notre ami M. Bourguignat, est une espèce hiémale : nous l'avons toujours observé pendant les mois de décembre et de janvier dans les parties basses et humides ou marécageuses de nos grandes forêts : il vit sous les mousses, sous les pierres, sous les branches d'arbres tombées à terre.

Oise. — Forêt de Villers-Cotterets.

Seine-et-Oise. — La Minière près de Versailles.

LIMAX.

Limax (pars), *Linnæus,* Syst. nat. (éd. X), p. 652, 1758 et 1860. — *Müller,* 1774. — *Gmelin,* 1790. — *Cuvier,* 1790, 1806, 1817. — *Lamarck,* 1801, 1809, 1822. — *Draparnaud,* 1801, 1805. — Limacella *Brard,* 1815. — Limax (pars) *Férussac,* 1819. — *Michaud,* 1831. — *Moquin-Tandon,* 1855. — Limax, *Bourguignat,* 1862, 1864.

Animal corpore elongato, cylindraceo, supra convexo, carinato, rugis anastomosantibus subobsoletis ornato ; clypeo majusculo, ad partem anteriorem corporis, sito ac striis concentricis parum perspicuis munito, testam imperfectam obtegente ; tentaculis 4, conico-cylindraceis; superioribus oculiferis; maxilla ad medium rostrata, absque sulcis dentibusque; cavitatis pulmonaris orificio ad marginem posteriorem clypei; generationis apertura pone tentaculum dextrum majus. Poro mucoso nullo.

Testa (Limacella) ovata vel ovato-rhomboidea, depressa quandoque subconvexiuscula, solida, opaca vel fragillima, pellucida ac striis transversis munita.

Animal allongé-cylindriforme, très-convexe en dessus et caréné, atténué en arrière; corps orné de sillons ordinairement peu apparents; bouclier médiocre, couvert de stries concentriques, placé vers la partie antérieure du corps; quatre tentacules, les supérieurs oculés; mâchoire arquée, fortement rostrée en forme de bec à sa partie médiane, sans côtes ni dents; orifice pulmonaire à la marge et vers la partie postérieure du bouclier; orifice de la génération placé derrière le grand tentacule droit. Glande mucipare caudale nulle.

Coquille rudimentaire interne située sous la partie postérieure de la cuirasse, sans trace de spire, de forme ovalaire plus ou moins déprimée, solide ou fragile, et ornée de quelques striations grossières transverses.

Les *Limax* parisiens peuvent être répartis dans les deux sections suivantes :

A. Cuirasse striée concentriquement. Stries plus ou moins apparentes; pied unicolore.

Limax agrestis, *Linnæus,* 1758.
— nemorosus, *Jules Mabille,* 1868.
— pycnoblennius, *Bourguignat,* 1861.
— filans, *Hoy,* 1780.
— fulvus, *Normand,* 1852.

Limax saxorum (*Limax agrestis, var. saxorum, Baudon*), 1862.
— arborum, *Bouchard-Chantereaux*, 1838.
— variegatus, *Draparnaud*, 1801.
— cinereus, *Müller*, 1774.

B. Cuirasse striée concentriquement, stries apparentes; pied de deux couleurs.

Limax cinereo-niger, *Wolf*, 1803.

Les animaux de ce genre vivent dans les forêts, les champs, sous les pierres, les mousses, sous les feuilles mortes, au pied des plantes, quelquefois dans les caves. On les rencontre pendant presque toute l'année, mais cependant elles sont toujours plus abondantes vers l'automne et le printemps.

A. *Animal corpore magno vel parvulo; clypeo plus minusve concentrice striato; pede unicolore* (1).

LIMAX AGRESTIS.

Limax agrestis, *Linnæus*, Syst. nat. (éd. X), I, p. 652, 1758 et 1760.
Limacella obliqua, *Brard*, Hist. Coq. Paris, p. 118, pl. IV, f. 5, 6, 13, 14 et 15, 1815.
Limax agrestis, *Baudon*, Cat. Moll. Oise, p. 6; et Mém. Soc. Acad. Oise, II, p. 94 et 127, 1852; — (pars) *Baudon*, Nouv. Cat. Moll. Oise, p. 10, 1862;

(1) Nous ferons observer que la coloration du pied, chez les *Limax*, correspond à une loi de répartition géographique : les animaux à pied de deux couleurs, comme le *cinereo-niger*, le *Doriæ*, appartiennent au centre alpique, tandis que les espèces à pied d'une seule couleur, comme le *variegatus*, le *Companyoi*, dépendent du centre hispanique.

Limax agrestis (pars), *Moquin-Tandon*, Hist. Moll. France, II, p. 22, 1855 (excl. variet. filans (1), lilacinus (2), tristis (3), sylvaticus) (4).

Animal corpore elongato, angusto, gracili, antice attenuato, postice acuminato acutoque; dorso griseo sæpius nigro variegato et ad caudam carina brevicula munito; rugis dorsalibus subobsoletis, elongatis, obscure cristatis, sulcis griseis parum impressis separatis; pede sordide griseo; margine pedis pallidiore angusto; clypeo oblongo, elongato, majusculo, antice rotundato, postice rotundato truncato, gibbosulo ac striis concentricis parum perspicuis ornato. Tentaculis superioribus nigrescentibus elongatis, cylindraceis; inferioribus parvis.

Longueur de l'animal en marche, 30 à 40 millimètres.

Animal de taille médiocre, à corps allongé, étroit, atténué en avant, acuminé et aigu en arrière; partie dorsale grise ou blanchâtre, souvent mouchetée de petites taches et de points noirâtres, ornée, en outre, à l'extrémité caudale, d'une carène courte et peu élevée; rides dorsales allon-

(1) Le *Limax filans*, Hoy, est une espèce complétement distincte de l'*agrestis*.

(2) La variété *lilacinus* est le type du *Limax sylvaticus* de Draparnaud, espèce de la France méridionale.

(3) La variété *tristis* nous semble constituer une espèce distincte, à laquelle il faudra conserver ce nom, *Limax tristis*.

(4) La variété *sylvaticus* est le *Limax arborum*, Bouchard-Chantereaux. Remarquons, en passant, le soin avec lequel Moquin-Tandon a étudié les espèces de cette famille. A la page 21 de son *Histoire des Mollusques de la France*, cet auteur considère le *Limax rusticus*, qui n'est autre que l'*arborum*, comme une variété du *marginatus;* à la page 23, il en fait une variété de l'*agrestis*, sous le nom de *sylvaticus*, et à la page 24 de cette même histoire, il le décrit comme espèce distincte, sous le nom d'*arborum*. Voici donc, par le fait, une seule et même espèce décrite sous trois noms distincts, et appartenant tout à la fois à deux sections complétement différentes. L'heureuse limacet

gées, comme effacées, à peine apparentes, et cependant obscurément carénées et sillonnées, séparées par un réseau de sillons grisâtres peu apparents ; pied d'un gris sale, à bords plus pâles, très-étroits. Bouclier oblong, allongé, grand par rapport à la taille de l'animal, arrondi en avant, un peu gibbeux et arrondi tronqué en arrière, orné, en outre, de stries vermicellées concentriques peu apparentes et assez régulièrement espacées dans la partie antérieure, mais un peu confuses et à peine visibles au-dessus de la limacelle ; tentacules supérieurs noirâtres, allongés, cylindriques ; les inférieurs très-courts.

Mâchoire assez arquée, jaunâtre, un peu brillante, transparente, d'un corné rougeâtre au sommet; ornée, vers son bord libre, de stries transverses un peu obliques, peu apparentes, assez serrées, mais n'atteignant pas le bord : rostre médian peu saillant, tronqué; extrémités un peu atténuées et bien arrondies.

Cette espèce vit dans les jardins, les champs cultivés, au long des rivières, rarement dans les forêts. Elle se cache sous les pierres et au pied des plantes. On la rencontre pendant toute l'année.

LIMAX NEMOROSUS.

Limax nemorosus, *Jules Mabille in Sched.*, 1868.

Animal corpore elongato, subpatulo, antice attenuato, postice acuminato, dorso ex albescente cinereo, vel nigrescente, quandoque maculis fuscis minimis variegato, ad caudam carina brevicula ac subcristata munito ; rugis dorsalibus subelongatis, perspicuis, sulcis parum impressis separatis ; pede griseo vel albescente ; margine pedis griseo, angusto, lineolis tenuissimis fuscis fimbriato ; clypeo oblongo, majusculo, extremitatibus rotundato, postice gibbosulo, ac striis concentricis fere inconspicuis ornato ; capite tentaculisque pallide fulvis.

Longueur de l'animal en marche, 35 à 45 millimètres.

Animal de taille médiocre, allongé, un peu épais, presque cylindracé, atténué en avant, acuminé et brusquement pointu en arrière ; partie dorsale d'un blanc cendré ou noirâtre, quelquefois ornée de très-petites taches ponctiformes noires, et munie, en outre, à sa partie caudale, d'une carène très-courte, un peu élevée ; rides dorsales peu allongées, apparentes, séparées par des sillons peu profonds ; pied gris ou blanchâtre, à bords gris, étroits, marqués de très-fines linéoles brunes ; bouclier oblong, un peu grand, bossu au-dessus de la limacelle, arrondi à ses deux extrémités et orné de stries concentriques très-fines, à peine visibles ; tête et tentacules d'un fauve pâle. Mâchoire à peine arquée, brunâtre, ornée de stries obliques, divergeant du centre aux extrémités, denticulant très-faiblement le bord libre, et séparées par des sillons grisâtres ; rostre médian prononcé, obtus, large et arrondi.

Limacelle ovale réniforme, à peine brillante, pulvérulente en dessus, un peu bombée, arrondie, légèrement atténuée à ses extrémités, mince, fragile, ornée de stries peu apparentes, fines et serrées. Sommet marginal à peine indiqué.

Le Limax nemorosus habite les grandes forêts sous la mousse et au pied des plantes. Il apparaît de mars en mai.

Aisne. — Forêt de Villers-Cotterets vers Montgobert, Fleury.

Oise. — Forêt de Compiègne.

Seine-et-Marne. — Forêt de Fontainebleau vers la mare aux Fées.

LIMAX PYCNOBLENNIUS.

Limax pycnoblennius, *Bourguignat*, Spicil. mal., p. 31, juin 1861.

Animal corpore parvo, cylindraceo, antice attenuato, postice acuminato-rotundato, omnino albo lactescente, quandoque e cæruleo-viridescente, rugis tenerrimis parum perspicuis, elongatis regulariter dispositis ac subgranosis; sulcis parum impressis separatis; ad caudam breviter acute carinato; pede ex albido lutescente, medio zonula pallidiore munito; margine pedis pallidiore, angusto longitudinalter sulcato; clypeo maximo, luteolo, antice rotundato, non adhærente, postice obscure subbilobato, concentrice striato; capite pallide lutescente; tentaculis superioribus parum elongatis, gracilibus, pallide violaceis, inferioribus parvulis.

Longueur de l'animal en marche, 25 à 30 millimètres.

Animal petit, un peu épais, de forme ovale cylindracée, atténué en avant et acuminé en arrière; dos d'un blanc lactescent, parfois d'un blanc verdâtre, surtout lorsque l'animal a été fortement excité; rides dorsales très-fines, peu apparentes, allongées, un peu granuleuses, régulièrement disposées, assez espacées et séparées par des sillons un peu larges, mais à peine marqués; pied d'un blanc faiblement jaunâtre, plus pâle en sa partie médiane, à bords pâles, étroits, orné d'un sillon longitudinal peu apparent; bouclier grand, jaunâtre, arrondi et non adhérent en avant, obscurément bilobé en arrière, orné, en outre, de stries concentriques fines et médiocrement apparentes; tête d'un jaunâtre pâle; tentacules supérieurs peu allongés, délicats, d'un violet pâle; les inférieurs très-petits.

Cette espèce, très-timide, habite sous les pierres et au

pied des graminées le long des rivières : elle apparaît en octobre et novembre.

Seine. — Billancourt.

LIMAX FILANS.

Limax filans (1), *Hoy*, Observ. Lim. filans, in Trans. Soc. Lin. Londres, I, p. 183, février, 1789 ; et éd. Chenu, I, p. 1, 1845.

— filans, *Latham*, Observ. Lim. fil., in Trans. Soc. Lin. Londres, IV, p. 85, pl. v, f. 1-4, 1797 ; et éd. Chenu, I, p. 12, pl. v, f. 1-4, 1845.

Animal corpore parvo, ovato-elongato, antice paululum attenuato, postice sat abrupte acuminato, acutoque ; dorso cinerascente vel ex albidulo griseo quandoque rosaceo ; rugis dorsalibus parum perspicuis, elongatis, subevanescentibus ; pede sordide cinerascente; margine pedis angusto, pallidiore; clypeo oblongo antice angustato ac obtuso, postice subdilatato et rotundato; striis concentricis parum perspicuis munito, fulvo vel lutescente; tentaculis superioribus elongatis, inferioribus parvis.

Longueur de l'animal en marche, 24 à 30 millimètres.

Animal de petite taille, ovale-allongé, délié, mince, un peu atténué en avant, assez brusquement acuminé en arrière, de couleur cendrée ou d'un blanc grisâtre, parfois entièrement rosacé ; rides dorsales fines, allongées, peu apparentes ; pied d'un cendré sale, à bords étroits, plus pâles que le corps, sans trace de linéoles ; bouclier oblong, étroit et obtus en avant, arrondi en arrière; couvert de très-fines stries circulaires concentriques peu apparentes, d'un jaune fauve, quelquefois brunâtre, ou d'un beau

(1) Non *Limax filans*, Férussac, variété du *Limax agrestis*.

jaune vif; tentacules supérieurs allongés, assez minces, violâtres, les inférieurs très-petits.

Cette espèce, assez rare, vit dans nos grandes forêts sur le tronc des arbres et sur les morceaux de bois mort : elle apparaît seulement en février-mars.

Aisne. — Forêt de Villers-Cotterets.

Seine-et-Oise. — Bois de Meudon.

LIMAX FULVUS.

Limax fulvus, *Normand*, Description Lim. nouv., p. 7, 1852.

Animal corpore mediocri, elongato, gracili, antice subattenuato, postice acuminato, acutoque ; dorso fulvo, punctulis minimis solum sub lente perspicuis munito ac carina luteola parum elevata ornato; rugis dorsalibus elongatis, subobsoletis, obscure granulosis; pede luteolo; margine pedis e griseo-lutescente ad caudam viridescente; clypeo oblongo, subgibbosiusculo, antice rotundato, attenuato, postice rotundato, punctulis nigricantibus ac striis subcconentricis, sinuosis, tenuissime maculato ornatoque ; tentaculis superioribus cylindraceis tenuibus, elongatis, violacescentibus, inferioribus minimis.

Longueur de l'animal en marche, 55 à 60 millimètres.

Animal de taille médiocre, allongé, grêle, faiblement atténué en avant, pointu en arrière, muni, vers la partie caudale, d'une carène jaunâtre peu élevée; partie dorsale fauve, jaunâtre ou jaune olivâtre, ornée d'un assez grand nombre de petits points noirs visibles seulement au moyen d'une forte loupe ; rides dorsales allongées, un peu apparentes, faiblement granuleuses; pied jaunâtre à bords d'un gris jaunâtre passant au vert postérieurement; bouclier oblong, très-faiblement gibbeux, arrondi et atténué en avant, arrondi en arrière et orné, comme le dos, de petits points noirs et de stries très-fines, sinueuses, irrégulièrement concentriques ; tête noirâtre; tentacules supérieurs cylindracés, minces, allongés, violâtres, les inférieurs très-petits.

Mâchoire jaune pâle, lisse, peu arquée ; rostre médian assez prononcé, terminé en pointe conique obtuse; extrémités ovales, arrondies.

Limacelle rhomboïdale, épaisse, solide, faiblement arrondie et obliquement tronquée à la base, triangulaire obtuse au sommet, ornée de stries à peine apparentes, très-convexe et bombée en dessus, brillante, à peine concave en dessous. Sommet central, mamelonné, très-petit et ne dépassant pas le bord de la limacelle.

Cette espèce habite nos grandes forêts ; elle vit sur le tronc des arbres, sous les mousses et les morceaux de bois. Son apparition a lieu depuis la fin de juillet jusqu'en avril.

Aisne.— Forêt de Villers-Cotterets, au long de la route de Soissons.

Oise. — Forêt de Compiègne vers Vieux-Moulin.

Seine-et-Oise. — Bois de Meudon, forêt de Saint-Germain.

LIMAX SAXORUM.

Limax agrestis, *varietas saxorum, Baudon,* Nouv. Cat. Moll. Oise, p. 10, 1862.

Animal corpore sat elongato, antice attenuato, postice acutiusculo, dorso sordide violaceo, rugis tenerrimis et zonulis lateralibus e fusco violacescenti e clypeo ad caudam, ac carina prominula ornato, munitoque; pede pallide griseo; clypeo magno, elongato, antice non adhærente, attenuato ac rotundato, postice obscure acuto, maculis violaceis munito. Tentaculis superioribus parum elongatis, oculo armato, tuberculis minimis instructis, inferioribus minimis.

Longueur de l'animal en marche, 25 à 30 millimètres.

Animal court, peu allongé, un peu épais, de couleur violâtre ou lie de vin, atténué en avant, faiblement pointu en arrière; partie dorsale ornée de rides fines un peu allongées pendant la marche, mais de forme rhomboïdale, un peu élevées et arrondies en dos d'âne, très-espacées, séparées par des sillons larges et peu profonds vus sous une forte loupe et pendant la contraction de l'animal; munie, en outre, d'une carène peu saillante, partant du bouclier et se terminant à la queue, et d'une bande latérale large, d'un brun violet, bien marquée : cuirasse brun clair avec des taches violacées assez foncées, allongée, striée concentriquement, un peu atténuée et arrondie en avant, terminée en arrière en une pointe très-obtuse; tentacules supérieurs peu allongés, épais surtout à la base, les inférieurs très-petits, transparents, aplatis au sommet.

« Cette limace habite les collines parmi les roches sous lesquelles elle se forme une espèce de nid en terre, assez solide et ayant deux conduits. Le mucus des individus est incolore, peu visqueux, filant. (Dr Baudon.) »

Oise. —Rochers calcaires des coteaux arides d'Ansacq. (Dr Baudon.)

LIMAX ARBORUM.

Limax arborum, *Bouchard-Chantereaux*, Moll. Pas-de-Calais, p. 28, 1838.

Limax sylvaticus (1), *Jules Ray*, Moll. Champagne mérid., p. 16, 1851.

— marginatus (2), *Baudon*, Cat. Moll. Oise, p. 6, et Mém. Soc. Acad. Oise, p. 94 et 126, 1852.

— sylvaticus (3), *Baudon*, Cat. Moll. Oise, p. 6, et Mém. Soc. Acad. Oise, p. 94 et 130, 1852, et Nouv. Cat., p. 10, 1862.

Animal corpore mediocri, elongato, gracili, antice paululum attenuato, postice acuminato, acutoque; ad partem posteriorem carinato; dorso e griseo-glaucescente, vel viridescente, quandoque subfusco, albicante vel cærulescente, undique semper maculis ovatis pallidioribus asperso; pede sordide albescente, zonula mediana translucida munito; margine pedis pallidiore, angusto; clypeo ovato-elongato, antice attenuato, postice rostrato, striis tenuissimis concentricis eleganter ornato et maculis ovatis ac ad latera zonulis tribus (prima nigra, marginales lutescentes) munito; tentaculis superioribus griseo-rubris, vel violaceis, elongatis, cylindraceis, inferioribus parvis.

Longueur de l'animal en marche, 60 à 80 millim.

Animal de taille moyenne, allongé, un peu fort, un peu atténué en avant, acuminé et médiocrement pointu en arrière; partie dorsale d'un gris bleuâtre, quelquefois glauque, roussâtre ou blanchâtre et constamment couverte de taches plus pâles et ovales à l'instar du Limax variegatus; ornée, en outre, à sa partie caudale, d'une carène courte et peu accusée; rides dorsales assez fortes, apparentes, de forme ovale-allongée, terminées en carènes

(1) Non *Limax sylvaticus*, Draparnaud, espèce de la France méridionale.

(2) Non *Limax marginatus*, Müller, Verm. Hist., 1774, qui est le *Milax marginatus*, Bourguignat, Mal. Lac des Quatre-Cantons, espèce de la France méridionale et orientale.

(3) *Ipso monente*.

obtuses, très-nombreuses, serrées et séparées par des sillons assez prononcés. Pied d'un blanc sale, muni, à sa partie médiane, d'une zone translucide plus ou moins apparente; bords du pied plus pâles, étroits; bouclier ovale-allongé, atténué en avant, terminé en arrière en un rostre court, orné, en outre, de stries concentriques très-fines, serrées, un peu confuses, difficiles à voir, de taches ovales semblables à celles du corps et de trois zones latérales, la première noire et les marginales jaunâtres. Ces zones n'existent pas chez tous les individus. Tentacules supérieurs violâtres ou d'un gris rougeâtre, allongés, cylindracés, les inférieurs très-petits.

Mâchoire assez arquée, jaunâtre, lisse, à extrémités tronquées, presque carrées; rostre médian peu prononcé, obtus.

Limacelle ovale, peu épaisse, blanche, mate ou à peine brillante, un peu bombée en dessus et ornée de stries d'accroissement apparentes ; plate en dessous, nacrée et toute granuleuse.

Cette belle limace vit sur les troncs d'arbres, dans les grandes forêts, et particulièrement sur ceux dont l'écorce est lisse (*fagus castanea ; populus tremula ; fraxinus excelsior; castanea vulgaris*). On la rencontre pendant presque toute l'année, mais sa véritable époque d'apparition se trouve de septembre en juin.

Aisne. — Forêts de Villers-Cotterets, de Ris.

Oise. — Forêts de Compiègne, de Laigue, de Hallatte, d'Ermenonville.

Seine. — Bois de Boulogne, de Vincennes.

Seine-et-Oise. — Parc de Saint-Cloud, bois de Meudon, forêts de Montmorency, de Bondy, de l'Ile-Adam, de Rambouillet, environs de Lardy, de la Ferté-Aleps.

Seine-et-Marne. — Forêts d'Armainvilliers, de Fontainebleau.

LIMAX VARIEGATUS.

Limax variegatus, *Draparnaud,* Tabl. Moll., p. 103, 1801.
Limacella unguiculus, *Brard,* Coq. environs Paris, p. 115, pl. IV, f. 3, 4 et 11-12, 1815.
Limax variegatus, *Baudon,* Cat. Moll. Oise, p. 6; et Mém. Soc. Acad. Oise, t. II, p. 94 et 125, 1825; Nouv. Cat., p. 10, 1862.

Animal corpore magno, oblongo, elongato, antice subattenuato, postice acuminato, acuto, carinato; dorso ac lateribus pallide flavescentibus, maculis obscuris, cinereis asperso; rugis dorsalibus sat validis, subelongatis; pede albidulo; margine pedis angustato, lineolis obscuris æquidistantibus, fimbriato. Clypeo magno, ovato, striis concentricis ac maculis cinerascentibus ornato, antice posticeque exacte rotundato; tentaculis superioribus cærulescentibus, elongatis, cylindraceis, parvulis violaceis.

Longueur de l'animal en marche, 80 à 120 millim.

Animal de grande taille, oblong, allongé, atténué en avant, terminé en arrière par une queue obèse bien qu'acuminée, brièvement carénée; dos et flancs d'un jaune pâle, parsemés, ainsi que le bouclier, de taches ovales d'un gris obscur, ordinairement peu distinctes; rides dorsales peu allongées, assez apparentes, séparées par des sillons faiblement marqués; pied blanchâtre, à bords étroits, ornés de linéoles grisâtres également espacées; bouclier grand, ovale, exactement arrondi en avant et en arrière, élégamment orné de stries concentriques un peu ondulées; tête et tentacules bleuâtres ou d'un bleu violâtre; tentacules supérieurs allongés, cylindriques, les inférieurs rudimentaires.

Mâchoire très-arquée, jaune pâle, lisse; extrémités ovales, obtuses, atténuées de dedans en dehors; rostre médian saillant, bien marqué, terminé en pointe conique très-obtuse.

Limacelle ovale-rhomboïdale, très-obtuse et comme émarginée à la base, ornée de stries transverses assez apparentes. Sommet sensible et médian.

Cette espèce habite dans les caves humides.

Aube. — « Anciennes caves de Troyes (M. Bourguignat). »

Aisne. — « Dans les caves à Jaulgonne (MM. Lallemant et Servain). »

Oise. — « Caves de Mouy (Dr Baudon). »

Seine. — Caves anciennes de Paris, Choisy-le-Roi, Pierrefitte.

LIMAX CINEREUS.

Limax cinereus, *Müller,* Verm. Hist., II, p. 5, 1774.

Limacella parma, *Brard,* Hist. Coq. env. Paris, p. 110, pl. IV, fig. 1-2 et 9-10, 1815.

Limax maximus (1), *Jules Ray*, Moll. Champagne mérid., p. 16, 1851.

— cinereus, *Baudon,* Cat. Moll. Pise, p. 5; et Mém. Soc. Acad. Oise, t. II, p. 95 et 124, 1852.

— maximus, *Baudon,* Nouv. Cat. Moll. Oise, p. 8, 1862.

Animal corpore maximo, elongato, cylindraceo, antice subattenuato, postice acuminato acutoque, cinereo vel fusco griseo, viridescente, nigrescente, vel e griseo carneo ac carina postica macu-

(1) Non *Limax maximus*, Linnæus, 1758, qui paraît être une espèce spéciale à l'Allemagne.

lisque vel zonulis rufis quandoque fuscis ac punctis nigris, munito ornatoque; rugis dorsalibus elongatis, sat perspicuis, sulcis parum impressis separatis; pede albido margine pedis griseo; clypeo magno, subdilatato, antice rotundato, postice obscure angulato, maculis fuscis ac striis concentricis tenuissimis eleganter ornato; tentaculis superioribus elongatis, ad basin crassiusculis, granulosis; inferioribus cylindraceis, parvis.

Longueur de l'animal en marche, 90 à 150 millim.

Animal de grande taille, allongé, cylindracé, à peine atténué en avant, acuminé et pointu en arrière, muni, à sa partie caudale, d'une carène courte et assez prononcée; partie dorsale d'un gris foncé, cendré, verdâtre ou noirâtre, quelquefois d'une teinte rosacée et ornée, en outre, suivant les variétés, de taches ou de bandes, et quelquefois de points régulièrement espacés, noirs, noirâtres ou fauves; rides dorsales allongées, un peu prononcées, ridées, séparées par des sillons peu prononcés; pied blanchâtre, à bords grisâtres, très-étroits; bouclier grand, un peu dilaté, arrondi en avant, terminé en arrière en une pointe obtuse et couvert de taches fauves, quelquefois noires, rarement bleuâtres, et, en outre, de stries concentriques très-fines et très-serrées; tentacules supérieurs allongés, épaissis à la base, couverts de tubercules peu visibles, les inférieurs très-courts.

Mâchoire d'un brun roux, assez solide, peu épaisse, à peu près lisse; extrémités à peine atténuées; rostre médian assez saillant, nettement détaché de la mâchoire, terminé en pointe conique obtuse.

Limacelle ovalaire-oblongue, plus ou moins épaisse suivant l'âge de l'individu, brillante, assez convexe, à sommet latéral et à stries transverses nombreuses, serrées et inégales : intérieur granuleux très-brillant.

Le Limax cinereus vit dans les lieux frais, dans les grandes forêts, au pied des murailles, sous les pierres, la mousse, dans les fentes des vieux troncs d'arbres, etc. On le rencontre pendant presque toute l'année.

Aube. — « Les environs de Troyes, Villechetif, Amances, Vendeuvre (M. Bourguignat). »

Aisne. — « Dans les bois aux environs de Jaulgonne, de Barzy, dans les jardins au pied des murs (MM. Lallemant et Servain). » Montgobert, Château-Thierry, Laon, Ferté-Milon.

Oise. — Forêts de Compiègne, de Laigue ; « Mouy, dans les caves, les fentes des vieilles murailles, bois de Fourneau, sous les pierres (Dr Baudon), » Chantilly, étangs de Comelle.

Seine. — Bourg-la-Reine, environs de Choisy-le-Roi, de Saint-Denis, de Nanterre.

Seine-et-Oise. — Bois de Meudon, forêt de Montmorency, commun au pied des murs de l'abbaye de Maubuisson, Pontoise.

Seine-et-Marne. — Forêt de Fontainebleau, environs de Moret, de Nemours.

LIMAX CINEREO-NIGER.

Limax cinereo-niger, *Wolf*, in Sturm Deutschland fauna, Wurmer, fasc. 1, 1803.

— antiquorum (pars), *Férussac*, Hist. Moll., p. 68, pl. IV, f. 1-8, 1819.

Arion lineatus (1), *Dumont*, in Bull. Soc. hist. nat. Savoie,

(1) Non *Arion lineatus*, Risso, espèce à rapporter à l'*Arion hortensis*, Férussac.

p. 64, 1849 ; et in Journ. Sc. nat. les Alpes, n° 5, p. 57, 1er septembre 1850.

Limax bilobatus (1), *Jules Ray*, Moll. Champagne mérid., p. 16, 1851.

— lineatus, *Dumont et Mortillet*, Cat. crit. et Malac. Moll. Savoie et bassin Léman, p. 12, 1852.

— maximus (pars) (2), *Moquin-Tandon*, Hist. Moll. France, II, p. 29, 1855.

— lineatus, *Baudon*, Nouv. Cat. Moll. Oise, p. 8, 1862.

Animal corpore maximo, elongato, cylindraceo, antice paululum attenuato, postice acuminato ac compresso triquetro, et abrupte acuto; zonulis quandoque bifasciato vel unicolore, carinaque dorsali albo-lutescente, acuta, cristata, pone clypeum abrupte incipiente ad caudam validam, acutissimam cristatamque, ornato ac munito; rugis dorsalibus teretibus, validis, elongatis, sulcis impressis separatis; pede nigricante, medio zonula ex albido-luteolo concinnato; margine pedis angusto, linea impressa e parte dorsali soluto; clypeo dilatato, oblongo-ovato, antice rotundato, postice rostrato, ac striis concentricis, plerumque maculis fuscis vel nigris quandoque cærulescentibus ornato, maculatoque; tentaculis superioribus griseis, quasi reticulatis, elongatis, inferioribus parvis.

Longueur de l'animal en marche, 90 à 170 millim.

Animal de grande taille, allongé, cylindracé, un peu atténué en avant, atténué en arrière et terminé assez brusquement en une queue triangulaire comprimée et aiguë; dos d'un noir grisâtre, verdâtre ou bleuâtre, quelquefois d'un noir foncé uniforme, ordinairement plus pâle sur les

(1) Non *Limax bilobatus*, Férussac, monstruosité du *Limax agrestis*, Linnæus.

(2) Non *Limax maximus*, Linnæus, qui paraît être une espèce spéciale à l'Europe septentrionale.

flancs, et orné de zones plus foncées partant du bouclier et se terminant à la queue ; carène forte, élevée, crépue, d'un blanc jaunâtre : elle commence immédiatement au-dessous du bouclier et se termine à l'extrémité caudale ; en cette dernière région, elle est plus élevée, plus saillante que sur le dos ; pied noirâtre ou noir, mais offrant constamment en son milieu une bande longitudinale blanchâtre ; bords de la même couleur que le corps, partagés en deux parties par un sillon longitudinal assez marqué, sans traces de linéoles transverses ; bouclier grand, arrondi en avant, terminé en arrière en pointe triangulaire obtuse, largement dilaté et orné de stries concentriques ondulées, vermicellées dans la partie postérieure et assez apparentes ; tête et tentacules d'un bleu violâtre ; tentacules supérieurs allongés, cylindriques, gros, assez renflés à la base, distinctement chagrinés ; les inférieurs très-courts.

Mâchoire peu arquée, jaunâtre, un peu brillante, ornée de sillons transverses assez forts, un peu espacés, simulant des stries d'accroissement, et de stries longitudinales très-fines, serrées, peu égales ; extrémités assez carrément tronquées ; rostre obtus, médiocrement saillant. Limacelle mince, transparente, très-fragile, de forme rhomboïdale, un peu atténuée au sommet, ornée de stries transversales et d'autres longitudinales, très-fines et un peu confuses ; de couleur blanchâtre, à peine brillante, bombée en dessus, faiblement concave en dessous ; sommet médian à peine apparent.

Cette belle espèce habite presque exclusivement les grandes forêts : elle se tient au pied des arbres, sur leur tronc, dans les crevasses de leur écorce, sous les plantes et sous les pierres. Son apparition commence en mars et avril ; elle est alors de la taille d'un Limax arborum, grisâtre, un peu pointillée de noir ; sa carène, bien qu'elle soit déjà accusée, est de la même teinte que le corps et son pied est unicolore ; après le mois d'octobre, on n'en rencontre guère que quelques rares individus.

Aube. — « La Ville-au-Bois, au pied des arbres, dans le lieu dit *des Croyères* (M. Bourguignat) ; » environs de Clairvaux (M. Ray).

Aisne. — Forêts de Villers-Cotterets, particulièrement au long de la route de Soissons, de celle de la Ferté-Milon, vers Montgobert, « sous les bois morts dans les parties humides de la forêt de Ris (MM. Lallemant et Servain). »

Oise. — Forêts de Compiègne, de Laigue, de Hallatte, étangs de Comelle, « forêt de Hez, sous les arbres pourris, dans les ornières (Dr Baudon), » forêt d'Ermenonville.

Seine-et-Oise. — Forêts de Montmorency, de Charmelle, de l'Ile-Adam.

Seine-et-Marne. — Forêts de Fontainebleau ; assez abondante à la mare aux Evées, bois de la mare aux Fées, bois Gautier, etc.

TESTACELLIDÆ.

Limaces (pars), *Cuvier*, 1817 ; — Limaciens (pars), *Lamarck*, 1818 ; — Limacidæ, *Gray*, 1824 ; — Testacellidæ, *Bourguignat*, 1864.

TESTACELLA.

Testacella, *Cuvier*, Anat. comp., tab. v, 1800, et in Ann. Mus. Paris, t. V, p. 455, 1804 ; — *Draparnaud*, Tabl. Moll. France, p. 33 et 99, 1801, et Hist. Moll., p. 23, 30, 121, 1805 ; — *Lamarck*, An. s. vert.,

p. 96, 1801 ; — Testacellus, *Faure-Biguet*, 1802 ; — *Denis de Montfort*, 1810 ; — Helico-limax (pars). *Férussac* père, 1801 ; — Testacella, *Bourguignat*, 1862, 1864.

Animal corpore elongato, subcylindriformi, antice attenuato, postice patulo, supra subconvexo-tereti, ac sublævigato ; tentaculis 4, cylindraceis, superioribus oculiferis ; clypeo rudimentari testa parvula celato ; maxilla nulla ; orificio pulmonari dextrorso, ad partem posteriorem corporis sito, testæque subjecto ; generationis apertura tentaculo dextro subjecta. Poro mucoso nullo.

Testa externa, depressa, auriformi, supra subconvexo-depressa, subtus concava, ad partem posteriorem corporis sita ; dextrorsa ac vix spirascente. Apertura maxima ; columella depressa.

Animal allongé, de forme cylindrique, très-atténué en avant, élargi en arrière, un peu convexe en dessus, mais non caréné, presque lisse ; quatre tentacules cylindriques, dont les supérieurs sont oculés ; bouclier rudimentaire, entièrement ou presque entièrement recouvert par la coquille. Mâchoire nulle ; orifice pulmonaire à droite, à la partie postérieure du corps, au-dessous de la coquille ; orifice de la génération placé sous le grand tentacule droit et à peine en arrière ; pore muqueux caudal nul.

Animaux presque exclusivement nocturnes, les Testacelles vivent dans la terre, sous les pierres ou à la base des plantes. On les voit parfois hors de leurs retraites pendant les temps pluvieux, vers les mois d'avril et de mai, mais seulement vers le soir.

Les Testacelles sont carnivores ; elles se nourrissent de lombrics qu'elles poursuivent jusque dans leurs galeries.

TESTACELLA HALIOTIDEA.

Testacella haliotidea, *Draparnaud,* Tabl. Moll. France, p. 99, 1801.

— haliotideus, *Faure-Biguet,* in Bull. Soc. philom., p. 98, pl. v, fig. 2, 1802.

— haliotidea, *D. Dupuy,* Hist. nat. Moll. France, p. 41, pl. I, f. 1, 1847.

— (pars), *Moquin-Tandon,* Hist. Moll. France, II, p. 39, 1855.

— haliotidea, *Bourguignat,* Spiciléges mal., p. 64, 1861.

Animal corpore elongato, antice attenuato, postice patulo ac rotundato, uniformiter e griseo albescente; dorso tuberculis sat conspicuis, confertis, elongatis, sulcisque lateralibus ramosis ornato, munitoque; pede albescente; margine pedis pallidiore, angusto, absque lineolis. Tentaculis superioribus vix ad apicem turgescentibus, brevioribus, e griseo-albescente; inferioribus brevissimis.

Testa auriformi, crassiuscula, supra depresso-convexiuscula, epidermide cinerascente induta, irregulariterque ac concentrice striato-sulcata; striis subsquamiformibus, sat validis, confertis; intus concava, nitida e vitreo lactescente; apice parvulo, vix luteolo, nitido, lævigato, e columella non separato. Anfractibus 1 1/2. Columella paululum arcuata, crassa, nitida. Margine dextro recto.

Longueur de l'animal en marche, 70 à 80 millim.

Longueur de la coquille, 5 à 7 millim.; largeur, 3 à 4 millimètres.

Animal allongé, très-atténué en avant et presque acuminé, élargi et arrondi en arrière, d'un gris blanchâtre uniforme, sans taches ni points; partie dorsale couverte de tubercules assez apparents, serrés et allongés, ornée, en outre, vers le côté, d'un sillon à nombreuses ramifications. Ce sillon prend naissance à la base de la coquille et vient s'évanouir vers la partie antérieure, circonscrivant nettement la portion granuleuse de l'animal, séparée des flancs, qui sont lisses. Pied blanchâtre; bords du pied pâles, étroits, sans traces de linéoles : tentacules supérieurs courts, de la même nuance que le corps, à peine renflés au sommet, les inférieurs très-petits.

Coquille auriforme, un peu épaisse, épidermée, d'un gris cendré, déprimée bien qu'un peu convexe en dessus, ornée de stries grossières un peu squammeuses, irrégulières et concentriques, serrées et assez apparentes, concave intérieurement, brillante, d'apparence vitrée et un peu lactescente ; sommet petit, obtus, faiblement jaunâtre, lisse et brillant, non séparé de la columelle. Un tour et demi de spire. Columelle faiblement arquée, épaisse, brillante. Bord droit vertical.

Le Testacella haliotidea habite les parcs et les grands jardins : il est à présumer que cette espèce, originaire du centre hispanique, a été amenée chez nous d'une façon tout artificielle. Son mode d'habitation, sa rareté, le peu d'étendue des localités par elle habitées semblent indiquer son introduction soit avec des semences, soit avec de jeunes plants d'arbres ou d'arbustes.

Seine. — Jardin du Val-de-Grâce, jardin du Luxembourg.

Seine-et-Oise. — Parc de Saint-Cloud, sous les pierres, sous les feuilles, parmi les plantes basses, dans les bordures de buis.

HELICIDÆ.

Gastéropodes (pars), *Draparnaud*, 1801, 1805. — Helicidæ, Gray, in Ann. Phil., p. 107, 1824. — Les Limaciens, *D. Dupuy*, 1847. — Colimacés, *Moquin-Tandon*, 1855. — Helicidæ, *Bourguignat*, 1864.

VITRINA.

Cochlea (pars), *Geoffroy*, 1767. — Helix (pars), *Müller*, 1774. — *Poiret*, 1801. — Vitrina, *Draparnaud*, Tabl. Moll. France, p. 98, 1801. — Helicolimax, *Férussac* père, 1807. — Vitrina, *Brard*, 1815. — Hyalina, *Hartmann*, 1820.

Testa dextra, paucispira, imperforata, depressa, vel subgloboso-depressa, tenera, fragillima, pellucida, nitidissima ; apice obtuso; apertura ampla ; margine columellari tenuissimo, valde arcuato, quandoque planulato, peristomate recto, acuto.

Coquille dextre, imperforée, déprimée ou subglobuleuse, mince, fragile, transparente, très-brillante ; spire courte à sommet obtus; ouverture grande, à bord columellaire mince, fortement arqué, quelquefois aplati ; péristome droit et tranchant.

L'animal est limaciforme et peut à peine être contenu dans sa coquille, du moins lorsqu'il ne souffre pas de la sécheresse : son manteau médiocre, orné, en avant, de stries transverses, est terminé, en arrière, par un lobe spatuliforme (balancier). 4 tentacules cylindriques; les supérieurs peu allongés, oculés au sommet ; les inférieurs rudimentaires. — Orifice respiratoire à droite, placé à la base du balancier et, par conséquent, en arrière; orifice de la génération vers le milieu de la partie libre du cou, entre le grand tentacule droit et la partie antérieure du bouclier. — Mâchoire arquée sans côtes ni dents, mais offrant, à sa partie médiane, un bec rostriforme peu prononcé.

D'après Moquin-Tandon, le genre Vitrine se divise en deux groupes qui sont :

1° Hyalina.

2° Helicolimax.

Le premier groupe comprend les espèces à bord columellaire aplati; les Vitrines françaises suivantes le composent :

Vitrina elongata, *Draparnaud*, 1805.
— diaphana, *Draparnaud*, 1805.
— Pyrenaica, *Gray*, 1825.

Le second groupe renferme des espèces à bord columellaire non aplati ; les espèces suivantes appartiennent à ce groupe :

Vitrina major *C. Pfeiffer*, 1821.
— Drapanaldi, *G. Cuvier*, 1817.
— pellucida, *Gærtner*, 1813.
— annularis, *Gray*, 1825.

Les espèces du genre Vitrine sont des espèces hyémales; elles apparaissent vers la mi-septembre, vivant sous les pierres, sous les morceaux de bois mort, au pied des touffes de graminées, au bord des fossés ; elles disparaissent dans le mois d'avril, du moins dans nos contrées.

I. HYALINA.

Hyalina, *Moquin-Tandon*, Hist. Moll. France, II, p. 45, 1855; — genre Hyalina (pars), *Studer*, 1820.

Testa depressa; margine columellari depresso; apertura maxima.

VITRINA ELONGATA.

Vitrina elongata, *Draparnaud*, Hist. Moll. France, p. 120, pl. VII, f. 40-42, 1805.

— — *Jules Ray*, Moll. Champagne mérid., p. 17, 1851.

Testa convexo-subdepressa, auriformi, transverse elongata, tenuissima, fragillima, pellucidissima, nitidissima, e luteolo-viridi, ac striis parum perspicuis ornata; spira vix subconvexa, apice minutissimo, obtuso, lævigato; anfractibus 1 1/2-2 irregulariter (primus parvulus, secundus amplissimus) crescentibus, sutura impressa separatis; ultimo amplissimo, convexo, fere totam testam formante; apertura late ovata, peristomate acuto, recto; margine columellari sensim arcuato ac angulatim depresso.

Haut. 1 1/2-2 mill., diam. 3-3 1/2 mill.

Coquille convexe-déprimée, auriforme, transversalement allongée, très-mince, très-fragile, transparente, très-brillante, de couleur jaune verdâtre et ornée de stries peu apparentes : spire à peine un peu convexe; sommet très-petit, obtus, lisse. 1 à 2 tours de spire à croissance rapide et très-irrégulière; le dernier très-grand, un peu convexe, forme à lui seul presque toute la coquille; ouverture largement ovale, à péristome droit, aigu; bord columellaire très-arqué et obliquement déprimé.

Cette Vitrine, fort rare dans nos contrées, habite au pied des arbres et sous les mousses dans les lieux frais et les grandes forêts.

Aube. — « Les bois de Dienville, dépendant de la forêt d'Amances. (M. Bourguignat.) »

II. HELICOLIMAX.

Helicolimax, *Moquin-Tandon*, Hist. Moll. France, II, p. 45, 1845. — Genre Helicolimax (pars), *Férussac*, 1801 et 1807.

Testa depressa vel globoso-depressa, margine columellari acuto.

VITRINA MAJOR.

Helicolimax major, *Férussac père*, Essai méth., Conch. p. 43, 1807.

Vitrina major, *C. Pfeiffer*, Deutschl. Moll., I, p. 47, 1821 (en note).

— pellucida (1), var. *A. Brard*, Coq. env. Paris, p. 78-79, pl. III, f. 3-4, 1815.

Testa subdepressa, tenera, fragili, diaphana, nitidissima, sublævigata, ad suturam striis parum perspicuis ornata, lutescente vel viridescente; spira vix convexiuscula; apice minuto, obtuso, lævigato; anfractibus 3-3 1/2 irregulariter (primi minimi lente, cæteri majores rapide) crescentibus, sutura parum impressa separatis; ultimo maximo, depresso-rotundato, ad aperturam dilatato ac non descendente; apertura depresso-rotundata, maxima, peristomate acuto, recto, margine columellari arcuato, externo sinuato.

Haut. 3-3 1/2 mill., diam. 6 1/2-7 mill.

Coquille subdéprimée, mince, fragile, diaphane, très-

(1) C'est la *Vitrina pellucida* de *Draparnaud*, Tabl. Moll., p. 98, et Hist., pl. VIII, fig. 34-37, mais non la pellucida de *Gærtner*, Conch. Wilt., 1813, qui est l'*Helix pellucida* de *Müller*, espèce toute différente.

brillante, de couleur jaunâtre ou verdâtre, presque lisse et seulement ornée, vers la suture, de stries fines et peu apparentes ; spire à peine convexe, plutôt aplatie, à sommet petit, obtus, lisse ; 3 à 3 1/2 tours, à croissance irrégulière, lente chez les premiers et très-rapide chez les suivants; suture marquée; dernier tour très-grand, déprimé-arrondi, un peu dilaté vers l'ouverture, mais non descendant ; ouverture arrondie, un peu comprimée, grande, à péristome droit, tranchant ; bord columellaire arqué, bord externe un peu flexueux. La Vitrina major habite presque exclusivement les plateaux et les côtes élevées de nos grandes forêts, nous ne l'avons jamais rencontrée dans les plaines, et fort rarement dans les petites vallées dépendant de ces forêts ; cette espèce, tout hiémale, commence à paraître vers la fin de décembre et ne se rencontre plus au commencement d'avril. Elle vit sur les feuilles mortes, dans les mousses, mais surtout sur les morceaux de bois mort.

Aube. — « Forêt d'Orient (M. Bourgnignat). »

Aisne. — « Forêt de Villers-Cotterets, de Ris, etc., Argentol (MM. Servain et Lallemant). »

Oise. — « Forêts de Compiègne en face de Réthondes, de Laigue. »

Seine-et-Marne. — « Forêt de Fontainebleau. »

Seine-et-Oise. — « Forêts de Saint-Germain, de Marly, de Rambouillet. »

Bois de Meudon, seule localité où elle soit abondante.

VITRINA DRAPARNALDI.

Vitrina Draparnaldi, *Cuvier*, Règne animal, II, p. 405, (en note) 1817.

Vitrina major var. Draparnaudi, *Moquin-Tandon*, Hist. Moll. France, II, p. 50, 1855.

Testa subgloboso-depressa, tenera, fragili, diaphana, nitente, e luteolo viridescente, striisque, oculo nudo inconspicuis ornata; spira paululum convexiuscula, apice obtuso, submamillato, ac sublente striatulo, lactescente; anfractibus 3-4 depresso-convexis, sat regulariter (primi minimi, sub tarde) crescentibus, sutura impressa separatis; ultimo majore, rotundato-depresso, ad aperturam paululum dilatato ac descendente; apertura rotundato-depressa, maxima; peristomate recto, acuto; margine columellari valde arcuato.

Hauteur 3-4 millim., diamètre 6-7 millimètres.

Coquille subglobuleuse-déprimée, mince, fragile, transparente, brillante, de couleur jaune-verdâtre, et ornée de stries fines, visibles seulement sous le foyer d'une forte loupe; spire un peu convexe, à sommet faiblement mamelonné, obtus, blanchâtre et légèrement strié; 3-4 tours de spire déprimés-convexes, à croissance assez régulière, séparés par une suture marquée; dernier tour grand, arrondi-déprimé, un peu dilaté et un peu descendant à sa terminaison; ouverture arrondie déprimée, très-grande, à péristome droit tranchant; bord columellaire fortement arqué.

La *Vitrina Drapanaldi* a presque toujours été confondue avec la V. major : on l'en séparera à son dernier tour moins développé et moins dilaté vers l'ouverture, à l'enroulement plus régulier de sa spire, à sa forme plus globuleuse en dessous.

Cette espèce vit sous les morceaux de bois mort et sous les feuilles dans nos forêts montueuses.

Seine-et-Marne. — Bois de Montgé près de Dammartin, RR.

Cette Vitrine paraît n'habiter que la France centrale; elle n'a jusqu'ici, du moins à notre connaissance, été signalée que dans les localités suivantes : environs de Fontenay-le-Comte; les différentes parties de l'Auvergne, particulièrement près du Puy-en-Velay, où elle vit en compagnie de *l'Helix Ramburi*, et le Pont-du-Gard (Partiot in Moquin) ; enfin les bois de Mongé que nous venons de citer.

VITRINA PELLUCIDA.

Helix pellucida, *Müller*, Verm. Hist., II, p. 15, 1774.
— diaphana (1), *Poiret*, Prodr. Coq. Paris, p. 76-77, 1801 (avril).

Vitrina pellucida, *Gærtner* (2), Conch. Wilt., p. 34, 1813.
— pellucida, var. B, *Brard*, Coq. env. Paris, p. 78, pl. III, fig. 5-6, 1815.
— pellucida, *Jules Ray*, Moll. Champagne mér., p. 16, 1851.
— pellucida, *Baudon*, Cat. Moll. Oise, p. 6, et Mém. Soc. Acad. Oise, t. II, p. 94 et 134, 1852, et Nouv. Cat. Moll. Oise, p. 11, 1862.

Testa subglobosa, tenera, fragillima, diaphana, nitidissima, e luteo viridi, striis, sub lente parum perspicuis, ornata; spira subprominula, apice obtuso, lævigato; anfractibus 3 1/2-4, subrotundatis, sat regulariter crescentibus; ultimo majore, rotundato, ad aperturam vix descendente, non dilatato; apertura ovato-rotundata; peristomate recto, acuto; margine columellari arcuato.

(1) Non Helix diaphana, *Studer*, 1829, espèce du genre Zonites.
(2) Non Vitrina pellucida, *Draparnaud*, espèce différente.

Hauteur 3-3 1/2 millim., diamètre 3-4 millimètres.

Coquille subglobuleuse, mince, fragile, diaphane, très-brillante, de couleur jaune-verdâtre, et ornée de stries peu visibles même sous le foyer d'une forte loupe; spire un peu proéminente, à sommet obtus, lisse ; 4 à 5 tours de spire presque arrondis, à croissance assez régulière, separés par une suture marquée; le dernier grand, arrondi, un peu descendant, mais non dilaté vers l'ouverture ; ouverture ovale-arrondie, à péristome droit et tranchant; bord columellaire arqué.

Cette Vitrine vit dans presque tous les lieux humides et herbeux, sous les pierres, sous les feuilles mortes ; on la rencontre à l'automne et au premier printemps.

Aube. — « La Ville-au-Bois, forêt d'Orient (M. Bourguignat). »

Aisne. — Environs de la Ferte-Milon, marais de Silly-la-Poterie, Soissons, Braisne, Laon, rives de l'Ourcq, Betz, coteaux de Jouarre près Jaulgonne.

Eure. — Vernon aux bords de la Seine, vallée de l'Eure, vallée de l'Epte, etc.

Eure-et-Loir. — Abondant près Dreux, Maintenon, environs de Chartres.

Loiret. — Vallées de l'OEuf, de la Rimarde, de l'Essonne.

Oise. — Etangs de Comelle, Crepy, forêts d'Ermenonville, de Compiègne, Ver, Eves, Mortefontaine, forêt de Laigue, environs de Noyon, environs de « Mouy à Thury-sous-Clermont, Angy, Morainval, etc. (Baudon). »

Seine. — Bois de Boulogne, de Vincennes, Gentilly, Bourg-la-Reine, Saint-Denis.

Seine-et-Marne. — Environs de Meaux, bords du canal de l'Ourcq, forêt d'Armainvilliers, environs de Fontainebleau, de Coulommiers, rives de la Marne, de la Seine, vallées du Petit et du Grand Morin, environs de Provins, de Montereau, Bray, Mouy-sur-Seine, de Moret à Nemours.

Seine-et-Oise. — Bois de Meudon, de Versailles, étang de Saint-Quentin, forêt de Rambouillet, environs de Mantes, vallées de la Viorne près Pontoise, Poissy, forêt de Montmorency, l'Ile-Adam, forêt de Bondy, vallées d'Yères, de l'Orge, la Ferté-Alais, environs d'Étampes.

Yonne. — Vallée de l'Yonne à Pont-sur-Yonne, environs de Sens, forêt d'Othe à Dixmont, Vauxprofonde, Dilo.

SUCCINEA.

L'ambrée ou l'amphibie, *Geoffroy*, Traité som. Coq. Paris, p. 61, 1767. — Succinea, *Draparnaud*, Tabl. Moll., p. 55, 1801. — Bulimus (pars), *Poiret*, 1801. — Succinea, *Brard*, 1815.

Testa dextra, imperforata, fragili, ovato-oblonga vel ovato-conoidea, tenera, paucispira ; apice acutiusculo ; anfractu ultimo maximo ; apertura obliqua amplissima, ovata, absque plicis dentibusque ; peristomate recto acuto, disjuncto.

Coquille dextre, imperforée, mince, fragile, rarement un peu solide et opaque, transparente, ovale-allongée ou ovale-conique, à spire courte, à tours peu nombreux et à sommet plus ou moins acuminé ; dernier tour très-grand, formant la majeure partie de la coquille ; ouverture très-grande, ovale-allongée, parfois un peu arrondie, sans plis ni dents, à péristome droit, tranchant, non continu.

Chez les espèces de ce genre, l'animal est épais et ne peut souvent pas être contenu entièrement dans sa coquille (1), il est pourvu d'un manteau mince, entier, enveloppant toute la partie spirale et formant à sa base un bourrelet ou collier, lequel porte à droite, vers la partie supérieure, l'orifice respiratoire ; orifice de la génération à droite et derrière le grand tentacule. 4 tentacules de forme conoïde; les supérieurs renflés à la base, à peine épaissis supérieurement, oculés à leur sommet, les inférieurs grêles, rudimentaires ; mâchoire plus ou moins arquée, lisse ou striée, sans côtes ni dents, mais offrant en sa partie médiane une, rarement deux ou trois saillies rostriformes, simulant un bec ou une dent.

Nous divisons les succinées parisiennes en deux groupes, lesquels appartiennent tous deux au sous-genre Tapada, et caractérisés ainsi qu'il suit :

A. Succinastrum, animal pouvant difficilement, du moins en dehors de la période d'hibernation, être contenu dans sa coquille ; mâchoire arquée en fer à cheval à extrémités plus ou moins lancéolées et plus ou moins sensiblement atténuées de dehors en dedans, pourvue, en son milieu, d'une à trois saillies rostriformes ou dentiformes.

Coquille de taille variable, ordinairement grande, de couleur jaune, ou jaune rougeâtre, mince, fragile, rarement un peu solide, jamais enduite de limon; à spire courte et à dernier tour formant environ les 3/4 de la coquille ; ouverture très-grande, ovale-allongée. A ce groupe appartiennent les :

Succinea putris, *de Blainville*, in Dict. sc. nat., LI, p. 244, 1827. (*Helix putris Linnæus*, 1758.)

(1) Du moins lorsque l'animal ne souffre pas de la sécheresse, ou lorsqu'il n'est pas dans sa période d'hibernation ; dans ce dernier cas, surtout, il est entièrement contenu dans sa coquille, et cette dernière est fermée au moyen d'un épiphragme mince, membraneux et mat.

Succinea longiscata, *Morelet*, Moll. Portugal, p. 51, 1845.
— Pfefferi, *Rossmâssler*, Iconogr., I, p. 96, 1835.
— debilis, *L. Pfeiffer*, Mon. H. viv. IV, 1858.
— ochracea, *de Betta*, Mal., valle di Non, p. 31, 1852.
— acrambleia, *Jules Mabille*, 1870.

B. Succinella, animal pouvant être entièrement contenu dans sa coquille, même en dehors de la période d'hibernation; mâchoire très-fortement courbée en fer à cheval, lisse, à extrémités plus ou moins lancéolées et plus ou moins sensiblement attenuées de dedans en dehors, pourvue, en son milieu, d'une saillie rostriforme plus ou moins accusée.

Coquille petite, de couleur ordinairement verdâtre ou grisâtre, rarement jaunâtre, souvent salie ou encroûtée, à spire un peu élevée; ouverture ovale ou arrondie.

Ce groupe comprend les :

Succinea Lutetiana, *Jules Mabille*, 1868.
— oblonga, *Draparnaud*, Tabl. Moll. France, p. 56, 1801.
— humilis (Succinea oblonga) (varietas humilis), *Moquin-Tandon*), Hist. Moll., II, p. 61, 1855.
— arenaria, *Bouchard-Chantereaux*, Moll. Pas-de-Calais, p. 54, 1838.
— Baudonii, *Bourguignat*, Am. mal., I, p. 139, 1856.

Les espèces du genre Succinea vivent au bord des eaux, dans les lieux marécageux, sur les plantes, à leur base, sur le corps des arbres, sous les pierres; celles appartenant à la section Succinella se rencontrent fréquemment dans des lieux un peu secs; elles semblent, plus que leurs congénères, pouvoir se passer d'une humidité constante; aussi les trouve-t-on dans les bois sous la mousse, sur le tronc des arbres, sous les monceaux de pierres au bord des champs et des chemins, etc.

A. SUCCINASTRUM.

Testa magna, luteola vel rufula, tenera, fragili, quandoque minima, solidiuscula; spira brevi, ultimo anfractu fere 3/4 altitudinis testæ æquante; — apertura magna, ovato-elongata.

SUCCINEA PUTRIS.

Helix putris, *Linnæus*, Syst. Nat. (éd. 10), I, p. 774, 1758.
Bulimus succineus, *Poiret*, Coq. Aisne et env. Paris, p. 40-41, 1801.
Succinea putris, *de Blainville*, Dict. sc. nat., t. LI, p. 244, pl. XXXV, f. 7, 1824.
Bulimus succineus, *Poiret*, Prodr. Coq. Paris, p. 41-42, 1801.
Succinea amphibia (variet.), *Brard*, Hist. Coq. Paris, p. 72, pl. III, f. 1, 1815.
— putris, *Baudon*, Cat. Moll. Oise, p. 6, et in Mém. Soc. Acad. Oise, t. II, p. 94 et 134, 1852.
— putris, *Baudon*, Nouv. Cat. Moll. Oise, p. 14, 1865 (*exclud. variet. minima*).
— putris, *Lallemant* et *Servain*, Cat. Moll. Jaulgonne, p. 11, 1868.

Testa ovato-ventricosa, pellucida, fragili, nitidiuscula, longitudinaliter ruguloso-striata, flavido-virescente, vel rubescente; spira subcontorta, breviuscula; apice subacuto, minutissimo, sublævigato. Anfractibus 3 - 3 1/2, convexo-rotundatis (primi minuti), celerrime crescentibus, sutura parum impressa, separatis. Ultimo amplissimo, superne ventricoso-rotundato, 3/4 altitudinis testæ fere formante. Apertura ovata, lata, subobliqua, superne subacuta, ad basin ovato-rotundata; peristomate simplici, recto, acuto, in adultissimis vix subincrassato; columella subrecta, basin aperturæ non attingente, subtruncata.

Hauteur 14 à 24 millim., diam. 9 à 14 millimètres.

Coquille ovale, ventrue, mince, fragile, pellucide, un peu brillante, ornée de stries longitudinales un peu rugueuses, d'un jaune verdâtre ou rougeâtre, quelquefois blanchâtre; spire peu tordue, un peu courte, à sommet subaigu, très-petit, presque lisse. 3 à 3 1/2 tours convexes-arrondis, les premiers très-petits, les suivants grands, à croissance très-rapide et séparés par une suture marquée; dernier très-ample, arrondi, ventru en dessus, formant à peu près les 3/4 de la hauteur de la coquille. Ouverture ovale, large, un peu oblique, aiguë à son sommet, ovale-arrondie à la base, à péristome simple, droit, aigu, à peine un peu épaissi chez les individus très-adultes. Columelle presque droite, obscurément tronquée et n'atteignant pas la base de l'ouverture.

Cette espèce vit au bord des eaux, sur les plantes, le corps des arbres; dans les marais, dans les prairies humides.

Aube. — « Environs de Troyes, où il est très-abondant le long de tous les cours d'eau (M. Bourguignat). »

Aisne. — Montgobert, marais de la forêt de Villers-Cotterets, marais de Long-Pont, de Silly-la-Poterie, de la Ferté-Milon, environs de Soissons, Braisne, Limé, Cherry, Fère-en-Tardenois, « dans les lieux humides ou marécageux, aux bords de la Marne, dans les prairies de Chartèves, autour de Jaulgonne et du Charmel (MM. Lallemant et Servain). »

Eure. — Bords de Seine à Vernon, prairies de l'Epte, environs de Charleval, du Pont-de-l'Arche, des Andelys.

Oise. — Forêts de Compiègne, d'Ermenonville, étangs de Comelle, « abondante dans les prairies de Mouy (Dr Baudon). » Bords de l'Aisne, de l'Oise, vallées du Trie, de la Troesne, marais de Beauvais.

Seine. — Bords de la Seine, de la Marne, prairies de la Bièvre.

Seine-et-Oise. — Marais de Meudon, étangs de Trappes, de Saint-Hubert, de Saclé, du Trou-Salé, vallées de l'Orge, de l'Essonne, de l'Yvette, d'Yères, lieux humides des forêts de Montmorency, de l'Ile-Adam, de Carnelle, de Rambouillet.

Seine-et-Marne. — Bords de la Seine à Valvins, Champagne, Melun, vallée du Loing-à-Moret, à la Genevraye, à Nemours, marais des environs de Meaux, bords du Morin, forêts d'Armainvilliers, de Crécy.

Yonne. — Bords de l'Yonne à Sens, à la Roche, Auxerre, forêt d'Othe.

SUCCINEA LONGISCATA.

Succinea longiscata, *Morelet*, Moll. Portugal, p. 51, pl. v, f. 1, 1845.

— — *Jules Ray*, Moll. Champagne mér., p. 17, 1851.

Testa ovato-elongata, pellucida, fragili, nitidula, subtransverse rugoso-striata, flavo-rubescente ; spira subacuminata ; apice minuto, substriatulo, acutiusculo. Anfractibus 3 - 3 1/2 convexiusculis, ad suturam planulatis, celerrime crescentibus, sutura parum impressa separatis. Ultimo maximo, inflato, fere 2/3 altitudinis testæ superante. Apertura ovato-elongata, recta, subangustata, superne angulata, inferne rotundato-ovata ; peristomate simplici recto, acuto ; columella subrecta, fere basin aperturæ attingente.

Hauteur 18-20 millim., diamètre 5-8 millim.

Coquille ovale-allongée, pellucide, fragile bien que plus solide que ses congénères, un peu brillante, ornée de stries presque transverses qui la rendent rugueuse, d'une teinte jaune-rougeâtre; spire un peu acuminée, à sommet petit, faiblement strié et un peu aigu. 3 à 3 1/2 tours de spire assez convexes, un peu aplatis vers la suture, à croissance rapide et séparés par une suture peu marquée; le dernier tour très-grand, enflé, formant à lui seul plus des deux tiers de la hauteur de la coquille. Ouverture ovale-allongée, droite, un peu étroite, anguleuse supérieurement, ovale-arrondie à la base; péristome simple, droit et tranchant; columelle presque droite, atteignant à peu près la base de l'ouverture.

Cette espèce vit sur les plantes aquatiques, au bord des eaux.

Aube. — « Bois de Fouchy, au bord du canal (M. Bourguignat). »

SUCCINEA PFEIFFERI.

Succinea Pfeifferi, *Rossmässler*, Iconogr. der land und susw. Moll. Europ., I, p. 96, f. 46, 1835.

— — *Jules Ray*, Cat. Moll. Champagne mér., p. 17, 1851.

Succinea Pfeifferi, *Baudon*, Cat. Moll. Oise, p. 6, et Mém. Soc. Acad. Oise, p. 94 et 145, 1852.

— — *Baudon*, Nouv. Cat. Moll. Oise, p. 15, (*exclud. variet. aperta*), 1862.

— — *Lallemant et Servain*, Cat. Moll. Jaulgonne, p. 11, 1869.

Testa ovato-oblonga, pellucida, fragili, quandoque solidiuscula, nitidula, subtransverse rugulosa, striata, succinea vel corneo-rubella; spira brevi; apice minuto, obtuso, lævigato. Anfractibus 3-4 contortis, convexiusculis, celerrime crescentibus, sutura sat impressa separatis. Ultimo maximo, superne convexo, lateraliter attenuato, 3/4 vel 4/5 altitudinis testæ æquante. Apertura ovato-oblonga, subangustata, superne acutiuscula, ad basin obliqua; peristomate simplici, recto, acuto; columella arcuata, fere basin aperturæ attingente.

Hauteur 10 à 20 millim., diamètre 6 à 11 millimètres.

Coquille ovale-oblongue, pellucide, assez mince, fragile, quelquefois un peu solide, brillante, d'une teinte de succin ou d'un corné rougeâtre, assez grossièrement ornée de stries presque transverses; spire courte, à sommet petit, obtus, lisse. 3-4 tours de spire tordus, un peu convexes, croissant très-rapidement, séparés par une suture marquée. Dernier tour très-grand, convexe en dessus, un peu comprimé sur les côtés, égalant environ les 3/4 ou les 4/5 de la hauteur de la coquille. Ouverture ovale-oblongue, subrétrécie, un peu aiguë à son sommet, oblique à la base, à péristome simple, droit, aigu; columelle arquée, atteignant presque la base de l'ouverture.

Cette Succinée vit dans les lieux très-humides, dans les marais, au bord des rivières et des ruisseaux, sur la vase, sur les tiges des plantes.

Aube. — « Environs de Troyes (M. Bourguignat). »

Aisne. — Marais de la Ferté-Milon ; environs de Soissons, Braisne, « à Mezy, sur les bords de la Marne, sur les plantes aquatiques vers l'embouchure du Surmelin (MM. Lallemant et Servain). »

Eure. — Bords de la Seine à Vernon, bords de l'Epte à Beauserré, Gisors.

Oise. — Forêt d'Ermenonville vers Chaalis, étangs de Comelle, vallées du Trie, de la Troesne, environs de Pont-Sainte-Maxence, de Verberie, bords de l'Aisne à Réthondes, à Choisy-au-Bac, au Franc-Port, « partout dans les prairies, le long des fossés, sur la vase et les roseaux, sur les feuilles de nénuphar, près des cours d'eau des environs de Mouy (Dr Baudon). »

Seine. — Bords de la Marne à Neuilly, Saint-Maur, Creteil, Charenton, fossés des fortifications à Grenelle, Ivry, vallée de la Bièvre à Arcueil, Gentilly.

Seine-et-Oise. — Prairies de Villeneuve-Saint-Georges, de Brunoy, Champ-Rosay, Saint-Michel, Lardy, Etampes, Orsay, Mantes, Poissy, forêt de l'Ile-Adam, au Val, vallée de la Viorne.

Seine-et-Marne. Bords de la Seine à Melun, prairies de Moret, de Nemours, canal du Loing à la Genevraye, marécages des environs de Meaux, le Morin à Esbly.

SUCCINEA DEBILIS.

Succinea amphibia (1), *Morelet*, Moll. Portugal, p. 52, pl. v, f. 2, 1845.

(1) Non Succinea amphibia, *Draparnaud*, 1801, qui est la Succinea putris de *Blainville*, 1817 (Helix putris, *Linnæus*, 1758), espèce toute différente.

Succinea debilis, *Pfeiffer*, Mon. Hel. viv., IV, p. 811, 1859.
— — *Bourguignat*, Mal. Algérie, I, p. 65, pl. III, fig. 32-35, 1864.

Testa ovato-elliptica, pellucida, tenui, fragillima, nitida, tenuissime subtransversim striatula, pallide rubescente vel corneorubella, spira brevissima ; apice obtusiusculo, mamillato, læviusculo. Anfractibus 3 celerrime crescentibus, convexo-planulatis, sutura parum impressa separatis. Ultimo maximo, dilatato, superne convexo-depresso, 3/4 altitudinis testæ superante. Apertura ovata, patula, obliqua, superne acuta, inferne ovato-subemarginata ; peristomate simplici, recto, acuto; columella subtorta, canalifera, fere basin aperturæ attingente.

Hauteur 11 millim., diamètre 5 à 6 millimètres.

Coquille ovale-elliptique, mince, pellucide, très-fragile, brillante, d'un roux pâle ou d'un corné faiblement rougeâtre, ornée de stries transverses très-fines ; spire très-courte, à sommet un peu obtus, mamelonné, lisse. 3 tours de spire, déprimés-convexes, à croissance très-rapide, séparés par une suture très-marquée. Dernier tour très-grand, dilaté, convexe, déprimé en dessus, dépassant les 3/4 de la hauteur de la coquille. Ouverture ovale, large, oblique, aiguë supérieurement, ovale-subémarginée à la base, à péristome simple, droit, aigu. Columelle un peu tordue, plissée, descendant presque à la base de l'ouverture.

Cette espèce vit au bord des eaux, sur la vase et les pierres.

Seine-et-Oise. — Bords de la pièce d'eau des Suisses, près Versailles.

SUCCINEA OCHRACEA.

Succinea ochracea, *de Betta*, Mal., vall. di Non, p. 51, pl. I, f. 1, 1852.

Succinea Pfeifferi, var. ochracea, *Moquin-Tandon*, Hist. Moll. France, II, p. 59, 1855.

Testa ovato-ventricosa, subpellucida, fragili, nitidiuscula, oculo armato, tenuissime ac longitudinaliter costulato-striata, rubescente; spira sat contorta, breviuscula; apice obtuso, minutissimo, quandoque papilloso, rubello, nitente. Anfractibus 3, irregulariter (primi minuti) crescentibus, sutura impressa marginataque separatis; — ultimo magno, oblique ovato-ventricoso, fere 4/5 altitudinis testæ æquante; — apertura valde obliqua, ovata, superne paululum acuta, ad basin rotundata; peristomate simplici, recto, acuto; columella arcuata fere basin aperturæ attingente.

Hauteur 7 à 7 1/2 millim., diamètre 4 à 5 millimètres.

Coquille ovale-ventrue, à peine transparente, un peu épaisse, fragile, peu brillante, rougeâtre et ornée, sous le foyer d'une forte loupe, de stries côtelées longitudinales, très-fines; spire assez tordue, un peu courte, à sommet obtus, très-petit, parfois papillifère, rougeâtre et brillant; spire composée de trois tours, dont les premiers sont très-petits et les suivants s'accroissent assez rapidement; suture profonde et marginée. Dernier tour grand, obliquement ovale-ventru, égalant presque les 4/5 de la hauteur totale de la coquille. Ouverture très-oblique, ovale, un peu aiguë à son sommet, arrondie à sa base, à péristome droit, simple, aigu; columelle arquée, atteignant presque la base de l'ouverture.

Cette espèce vit aux bords des eaux très-fraîches, sur les plantes aquatiques et sur les pierres.

Aisne. — Réservoir du ruisseau qui tombe en cascade près du Moulin-de-Vaux proche Cherry.

SUCCINEA ACRAMBLEIA.

Succinea *Pfeifferi*, varietas aperta (1), *Baudon*, Nouv. Cat. Moll. Oise, p. 15, 1862.

— mamillata (2), *Jules Mabille*, in Lallemant et Servain, Catal. Moll. Jaulgonne, p. 11 (sans caract.), 1869.

Testa ovata, pellucida, solidiuscula, nitida, longitudinaliter ac tenuissime striatula, rubra vel rubella (dum vivit incola); spira vix contorta, brevissima ; apice obtuso, minutissimo, sub lente obscure punctulato, paululum nitente, mamillato ; — anfractibus 2 1/2 - 3, convexis, irregulariter rapidissimeque (primi parvuli) crescentibus, sutura impressa separatis ; — ultimo maximo, ovato-ventricoso, fere totam altitudinem testæ efformante ; — apertura magna, ovato-elongata, superne acutiuscula, ad basin ovato-coarctata; peristomate simplici, recto, acuto, in adultis paululum incrassato ; columella arcuata, basin aperturæ non attingente.

Hauteur 4 à 5 millim., diamètre 2 1/2 à 3 millimètres.

Coquille ovale, transparente, un peu solide, brillante, ornée de stries longitudinales très-fines, rouge ou rougeâtre lorsqu'elle contient encore l'animal; spire à peine tordue, très-courte, à sommet très-petit, obtus et obscurément ponctué (ces ponctuations ne sont visibles que sous le foyer d'une forte loupe), un peu brillant et mamelonné. 2 1/2 à 3 tours de spire à croissance rapide et irrégulière ; les premiers petits, presque embryonnaires, séparés par une suture marquée. Dernier tour très-grand, ovale, ventru, formant à lui seul presque toute la hauteur

(1) Non Succinea aperta, *Is. Lea*, Obs. Gen. Un., II, p. 101, t. XXIII, fig. 107, 1834. Espèce de l'Amérique septentrionale.

(2) Non Succinea mamillata, *Beck*, Ind., p. 98, 1837. Espèce de l'île Juan Fernandez.

de la coquille; ouverture grande, ovale-allongée, un peu aiguë au sommet, ovale-resserrée à la base, à péristome simple, droit, aigu, un peu épaissi chez les individus très adultes; columelle arquée, n'atteignant pas la base de l'ouverture.

Cette jolie Succinée vit dans les prairies au bord des fossés d'irrigation.

Aisne. — « Çà et là dans les prairies de la Marne, à Jaulgonne (MM. Lallemant et Servain). » Treloup.

Oise. — « Commune dans les prairies d'Houdainville près Mouy (Dr Baudon). »

B. SUCCINELLA.

Testa parvula vel minima, viridescente vel grisea, quandoque lutescente ac sæpius limo inquinata, spira parum elata, apertura ovata vel rotundata.

SUCCINEA LUTETIANA.

Succinea Lutetiana, *Jules Mabille,* in Sched., 1868.

Testa ovato-oblonga, pellucida, fragili, paululum nitente, longitudinaliter striis irregularibus parum perspicuis ornata, e luteolo cinereo, quandoque virescente; — spira subobeso-acuminata, apice obtuso, minuto, lævigato; — anfractibus 3 - 3 1/2 convexo-rotundatis, irregulariter ac celerrime crescentibus, sutura profunda separatis; — ultimo maximo, oblique ovato, ventricosiore, 2/3 altitudinis non æquante; — apertura ovata, superne obscure angulata, ad basin subcoarctato-ovata; peristomate recto, simplici, acuto; columella fere recta, basin aperturæ subattingente.

Hauteur 7 millim., diamètre 4 à 4 1/2 millimètres.

Coquille ovale-oblongue, transparente, mince, fragile, un peu brillante, ornée de stries longitudinales, irrégulières, peu apparentes, d'un jaune cendré, quelquefois un peu verdâtre; spire un peu obèse, bien qu'elle soit acuminée, à sommet obtus, petit, lisse. 3-4 tours de spire, convexes-arrondis, à croissance irrégulière et très-rapide, séparés par une suture profonde. Dernier très-grand, obliquement ovale, un peu ventru, n'égalant pas les 2/3 de la hauteur de la coquille. Ouverture ovale, obscurément anguleuse au sommet, ovale-subresserrée à la base, à péristome droit, simple, aigu; columelle presque droite, atteignant presque la base de l'ouverture.

Cette belle et rare espèce vit dans les lieux humides sous les pierres.

Seine. — Iles de la Marne à Charenton.

SUCCINEA OBLONGA.

Succinea oblonga, *Draparnaud*, Tabl. Moll., p. 56, 1801; et Hist. Moll., France, p. 59, pl. III, f. 24-25, 1805.
— — *Jules Ray*, Catal. Moll. Champ. mér., p. 17, 1851.
— — *Baudon*, Catal. Moll. Oise, p. 6, et in Mém. Soc. Acad. Oise, p. 94, et 141, 1852.
— — *Baudon*, Nouv. Cat. Moll. Oise, p. 16 (excl. var. humili), 1862.

Testa ovato-oblonga, pellucida, fragili, subnitente, oculo armato, longitudinaliter rugoso-striatula, e luteolo virideseente, quandoque pallide cornea. Spira conico-acuminata; apice minutissimo subobtuso, striatulo. Anfractibus 3-4, contortis, convexiusculis, ad suturam depressiusculis, celeriter crescentibus, sutura profunda separatis. Ultimo magno superne convexiusculo, 3/4 altitudinis testæ æquante. Apertura ovata, superne angustata acutaque, ad basin ovata, peristomate simplici, recto, subacuto ; columella subarcuata, ad basin aperturæ non attingente; marginibus callo tenui junctis.

Hauteur 7 à 9 millim., diamètre 4 à 5 millimètres.

Coquille ovale-oblongue, transparente, fragile, à peine brillante, d'un jaune-verdâtre, quelquefois d'un corné très-pâle, ornée, sous le foyer de la loupe, de stries longitudinales qui la rendent un peu rugueuse ; spire conique acuminée, à sommet très-petit, un peu obtus, faiblement striée. 3-4 tours de spire tordus, un peu convexes, faiblement déprimés vers la suture et s'accroissant rapidement; suture profonde. Dernier tour grand, un peu convexe en dessus, égalant les 3/4 de la hauteur de la coquille. Ouverture ovale, étroite et aiguë au sommet, ovale à la base, à bords réunis par une faible callosité ; péristome simple, droit, subaigu; columelle à peine arquée, n'atteignant pas la base de l'ouverture.

Le *Succinea oblonga* vit dans les lieux frais, sur le corps des arbres, sous les pierres, les morceaux de bois, etc.

Aube. — « Les lieux humides de Saint-Germain, Villechetif, les Noës (M. Bourguignat). »

Aisne. — Forêt de Villers-Cotterets, environs de Soissons, « sur les plantes, le long de la route de Jaulgonne à Tréloup, prairies de la Marne (MM. Lallemant et Servain). » Tréloup.

Oise. — « Prairies des environs de Mouy (Dr Baudon). » Forêt de Laigue, étangs de Comelle.

Seine. — Bois de Vincennes, bois de Boulogne, Saint-Maur.

Seine-et-Oise. — Vallée d'Yères à Montgeron, bois

de Meudon, Chevreuse, vallée de Laminière, étang de Trappes, forêts de Montmorency, de Bondy, Maffliers.

SUCCINEA HUMILIS.

Succinea oblonga (variété), *Baudon*, Cat. Moll. Oise, p. 6, et in Mém. Soc. Acad. Oise, p. 141, 1852.

Succinea oblonga, varietas humilis, *Moquin-Tandon*, Hist. Moll. France, II, p. 61, 1855.

— oblonga, varietas humilis, *Baudon*, Nouv. Catal. Moll. Oise, p. 16, 1862.

Testa ovato-oblonga, paululum obesa, pellucida, fragili, subnitente, oculo armato, vix longitudinaliter striatula, viridescente vel e cinereo-viridescente ac sæpius limo sordide inquinata; — spira obeso-acuminata, apice minuto, obtuso, lævigato; —anfractibus 2 1/2 - 3 irregulariter (primi minutissimi, convexo-depressi) crescentibus, sutura impressa separatis; — ultimo magno fere 2/3 altitudinis testæ æquante; apertura subobliqua, ovata, superne acutiuscula, ad basin ovato-rotundata; peristomate recto, simplici, acuto; columella subarcuata, basin aperturæ subattingente; marginibus callo tenui junctis.

Hauteur 3 à 3 1/2 millim., diamètre 2 millimètres.

Coquille ovale-oblongue, un peu obèse, transparente, fragile, à peine brillante, ornée de stries longitudinales à peine visibles à la loupe, d'une teinte verdâtre ou d'un cendré verdâtre, et souvent salie par un encroûtement limoneux; spire obèse bien qu'acuminée, à sommet petit, obtus, lisse. 2 1/2 à 3 tours de spire, dont les premiers très-petits, convexes-déprimés, séparés par une suture profonde, le dernier grand, égalant presque les deux tiers de la hauteur de la coquille. Ouverture presque oblique, ovale, un peu aiguë au sommet, ovale-arrondie à la base; à bords réunis par une faible callosité ; péristome droit, simple, aigu ; columelle presque arquée, atteignant à peu près la base de l'ouverture.

Cette jolie forme vit dans les prairies, au bord des fossés.

Oise. — « Bords des fossés de la chaussée de Mouy à Bury, Angy, Houdainville, Buteaux, Fillerval (Dr Baudon). »

SUCCINEA ARENARIA.

Succinea arenaria, *Bouchard-Chantereaux*, Moll. Pas-de-Calais, p. 54, 1838.
— — *Potiez et Michaud*, Gal. Moll. Douai, I, p. 67, pl. XI, f. 3-4, 1838.
— — *Jules Ray*, Moll. Champagne mér., p. 17, 1851.
— — *Baudon*, Catal. Moll. Oise, p. 6, et Mém. Soc. Acad. Oise, p. 94 et 141, 1852.
— — *Baudon*, Nouv. Catal. Moll. Oise, p. 16, 1862.

Testa ovato-ventricosa, pellucida, solidiuscula, subnitente, longitudinaliter, oculo armato, tenuissime striatula, e luteolo viridescente vel flavicante, sæpe limo sordide inquinata; spira conico-lanceolata ; apice minutissimo, acutiusculo, sub lente malleato-punctato. Anfractibus 3 1/2 vel 4 parum contortis, convexiusculis, ad suturam depressis, celeriter crescentibus, sutura impressa separatis. Ultimo ventricoso, fere 5/7 altitudinis testæ æquante. Apertura ovato-rotundata, superne subacuta, ad basin ovato-subattenuata. Peristomate recto, simplici, acuto; columella subtorta, ad basin aperturæ non attingente ; margine columellari subreflexiusculo.

Hauteur 6 à 8 mill., diamètre 5 à 6 millimètres.

Coquille ovale, ventrue, transparente, un peu solide, un peu brillante, ornée, sous le foyer d'une loupe, de stries longitudinales très fines, jaunâtre ou d'un jaune-verdâtre, souvent recouverte d'un enduit limoneux ; spire conique lancéolée, à sommet petit, un peu aigu, orné de points enfoncés peu visibles ; 3 1/2 à 4 tours de spire, un peu tordus, légèrement convexes, déprimés vers la suture, s'accroissant rapidement et séparés par une suture marquée ; le dernier ventru, égalant presque les 5/7 de la hauteur de la coquille. Ouverture ovale-arrondie, à peine anguleuse au sommet, ovale-subatténuée à la base, à péristome droit, simple, aigu ; columelle presque tordue, n'atteignant pas la base de l'ouverture ; bord columellaire un peu réfléchi.

Le *Succinea arenaria* vit dans les lieux humides, sous les pierres, quelquefois sur les coteaux.

Aube. — « Saint-Parres, près de Troyes, dans les prairies le long de la Barse ; Verrières, au pied des peupliers, la Ville-au-Bois, sous les pierres des coteaux (M. Bourguignat). »

Aisne. — « Dans les prairies aux environs de Jaulgonne, de Barzy, de Charmel (MM. Lallemant et Servain). »

Oise. — « Mouy, Angy (Dr Baudon) ; » forêt de Laigue.

Seine. — Bois de Vincennes, Saint-Maur.

Seine-et-Oise. Chevreuse, vallée de Laminière, Mafliers.

SUCINEA BAUDONII.

Succinea Baudonii, *Baudon*, Catal. Moll. Oise, p. 7, et in Mém. Soc. Acad. Oise, p. 96 et 144, 1852.

Succinea arenaria, var. Baudonii, *Moquin-Tandon*, Hist. Moll. France, II, p. 62, 1855.

— Baudonii, *Bourguignat*, Am. mal., I, p. 139, pl. x, fig. 1-5, 1856.

— putris (varietas) minima, *Baudon*, Nouv. Cat. Moll. Oise, p. 14-15, 1862.

Testa ovato-obesa, parvula, pellucida; solidiuscula, nitidula, oculo armato vix longitudinaliter striatula, ex albidulo-luteola. Spira vix prominula, apice mamillato, minutissimo, obtuso, rugoso-substriato. Anfractibus 2-3 convexis, rapidissime crescentibus, sutura profunda separatis. Ultimo maximo, ventricoso, 2/3 altitudinis testæ æquante. Apertura ovato-rotundata, superne angulata, inferne rotundata; peristomate simplici, recto, acuto; columella fere recta, ad basin aperturæ non attingente; margine columellari reflexiusculo, marginibus callo tenui junctis.

Hauteur, 5 millimètres; diamètre, 3 millimètres.

Coquille ovale-obèse, de petite taille, transparente, un peu solide, brillante, d'un blanc jaunâtre, et ornée, sous le foyer, d'une forte loupe, de stries longitudinales peu apparentes, presque effacées; spire à peine proéminente, à sommet mamelonné, très-petit, obtus, substrié et faiblement rugueux. 2-3 tours de spire, convexes, à croissance des plus rapides, séparés par une suture profonde. Dernier tour très-grand, ventru, égalant les 2/3 de la hauteur de la coquille. Ouverture ovale-arrondie, anguleuse au sommet, arrondie à la base, à bords réunis par une faible callosité. Péristome simple, droit, aigu; columelle presque droite, n'atteignant pas la base de l'ouverture. Bord columellaire un peu réfléchi.

Cette jolie espèce habite les prés, au bord des fossés; elle se tient à la base des plantes.

Aisne. — « Environs de Jaulgonne, dans les parties un peu sèches des prairies (MM. Lallemant et Servain). »

Oise. — « Prairies d'Houdainville, d'Angy (Dr Baudon). »

ZONITES (1).

Helix (pars), *Linnæus*, Syst. nat. (éd. X), p. 769, 1758 et 1760; — *Müller*, 1774; — *Draparnaud*, 1801 et 1805; — Zonites, *Denis de Montfort*, Conch. syst., II, p. 283, 1810; — Helix (pars), *Brard*, 1815; — *Baudon*, 1852; — Zonites, *Moquin-Tandon*, 1848 et 1855; — *Bourguignat*, 1853, 1856, 1860, 1862, 1864; — *Baudon*, 1862.

Testa late umbilicata, perforata, vel imperforata, depressa vel conico-trochiformi, tenera, fragili, pellucida, nunquam in nostrate, globosa ac opaca, solidaque; ultimo anfractu maximo; apertura obliqua, rotundata, lunata, absque plicis vel dentibus; peristomate disjuncto, recto, acuto.

Coquille dextre, pourvue d'un ombilic plus ou moins ouvert, quelquefois simplement perforée, ou même non ombiliquée; mince, fragile, pellucide, mais n'offrant

(1) Le Zonites candidissimus (*Helix candidissima*, *Draparnaud*) a été répandu par M. Lallemant, il y a quelques années, sur les coteaux des environs de Jaulgonne (Aisne). Cet auteur considère l'espèce comme actuellement naturalisée en cette localité (*voir Bull. Soc. Mal. Belge* t. II, p. 13, 1866-67) : A notre avis, M. Lallemant a été induit en erreur par une fausse apparence. Que l'espèce en question ait vécu pendant quelques mois, peut-être une année environ à Jaulgonne, c'est là un fait des plus probables, mais ce qui est certain, c'est qu'elle en a complètement disparu aujourd'hui (27 *mai* 1869), et que, loin de s'être acclimaté, le Z. candidissimus a laissé si peu de traces de sa présence à la localité précitée, qu'il est impossible d'en rencontrer même un fragment.

jamais chez les espèces parisiennes un test globuleux, épais et solide; dernier tour très grand; ouverture oblique, arrondie, échancrée par l'avant-dernier tour, sans plis ni dents, à péristome non continu, mince, droit et tranchant.

Les animaux de ce genre peuvent être entièrement contenus dans leur coquille; ils sont pourvus d'un manteau mince, recouvrant le tortillon spiral et venant former à sa base un bourrelet épais (collier), portant, à sa partie droite et supérieure, un peu en avant, l'orifice respiratoire, tandis que l'orifice de la génération est placé également à droite, mais vers la partie moyenne du cou. Les tentacules, au nombre de quatre, sont cylindracés, un peu allongés, renflés au sommet en un bouton plus ou moins globuleux, et les supérieurs sont oculés. Mâchoire arquée, sans côtes ni dents, mais offrant vers son milieu un bec rostriforme plus ou moins prononcé.

Les Zonites parisiens appartiennent aux deux sections suivantes :

Conulus. Coquille conique, trochiforme, à peine striée longitudinalement et en spirale, transparente, luisante; ombilic nul.

Zonites fulvus, *Moquin-Tandon,* 1855.

Aplostoma. Coquille déprimée, striée longitudinalement, transparente, très-brillante; perforation ombilicale très-grande ou très-petite.

A. Ce premier groupe renferme les espèces dont la coquille est grande, quelquefois de petite taille, colorée, à tours de spire médiocrement serrés, mais à croissance rapide.

Les *Zonites* parisiens appartenant à ce groupe sont : le

Zonites lucidus, *Bourguignat*, Cat. coq. Orient, p. 8, 1853 (*Helix lucida Draparnaud*, 1801.)

— septentrionalis *Bourguignat*, 1869.

— Navarricus, *Bourguignat*, 1869.

— subglaber, *Bourguignat*, Mal. Bretagne, p. 47, 1860.

— alliarius, *Gray in Turton*, Shells Brit., p. 168, 1840. (*Helix alliaria Miller*, 1822.)

— cellarius, *Gray in Turton*, Shells Brit., p. 170, 1840. (*Helix cellaria Müller*, 1774.)

— nitens, *Bourguignat*, Cat. coq. Orient, p. 8, 1853. (*Helix nitens Gmelin*, 1789.)

— subnitens, *Bourguignat*, 1869.

— nitidus, *Moquin-Tandon*, Hist. Moll. France, II, p. 72, 1852. (*Helix nitida Müller*, 1774.)

— Parisiacus, *Jules Mabille*, 1868.

— radiatulus, *Gray in Turton*, Shells Brit., p. 173, 1840. (*Helix radiatula Alder*, 1830.)

— nitidosus, *Bourguignat*, Mal. Bretagne, p. 50, 1860. (*Helix nitidosa Férussac*, 1821.)

— viridulus (*Helix viridula Menke, Synop. Moll.*, p. 21, 1830).

B. Ce second groupe comprend les espèces de petite taille, à test cristallin, très-brillant, plus ou moins déprimé en dessus; tours de spire à croissance rapide et ordinairement serrés. Les espèces parisiennes dépendant de ce groupe sont :

Zonites diaphanus, *Moquin-Tandon*, Hist. Moll. France, II, p. 90, 1855. (*Helix diaphana Studer*, 1829.)

— crystallinus, *Leach*, Brit. Moll. ex Turton, p. 105, 1831. (*Helix crystallina Muller*, 1774.)

— humulicola, *Jules Mabille*, 1868.

Zonites subterraneus, *Bourguignat,* Am. mal., I, p. 194. 1856.

Les espèces de ce genre vivent sous les pierres, sous les feuilles mortes, dans la mousse, au pied des murailles; quelques-unes vivent à demi enterrées. Elles habitent les bois, les jardins, les forêts, le bord des eaux; elles se montrent pendant presque toute l'année, mais elles sont toujours plus abondantes au printemps et vers la fin de l'automne.

I. CONULUS.

Genre Conulus (pars), *Fitzinger*, 1833; — sous-genre Conulus, *Moquin-Tandon*, in Mém. Acad. Toulouse, IV, p. 374, 1848, et Hist. Moll. France, II, p. 67, 1855.

Testa conico-trochiformi, vix longitudinaliter spiraliterque striata, diaphana, nitidula, umbilico nullo.

ZONITES FULVUS.

Helix fulva, *Müller*, Verm. Hist., II, p. 56, 1774.
— — *Jules Ray,* Moll. Champagne mér., p. 17, 1851.
— — *Baudon*, Cat. Moll. Oise, p. 7, et Mém. Soc. Acad. Oise, p. 95 et 282, 1853.
Zonites fulvus, *Moquin-Tandon*, Hist. Moll. France, II, p. 67, 1855.
— — *Baudon*, Nouv. Cat. Moll. Oise, p. 16, 1862.

Testa conico trochiformi, vix perforata, fulva, subpellucida, nitida, solidiuscula, striis longitudinalibus confertis, subtilissimis ac striis spiralibus sub lente parum perspicuis, ornata decussataque; spira elata, subconica, apice minuto, eroso, obtuso; anfractibus 4-5 convexiusculis, lente ac regulariter crescentibus, sutura impressa separatis; ultimo majusculo, ad peripheriam obscure carinato, ad aperturam non dilatato nec descendente; apertura paululum obliqua, lunata, depresso-ovata; peristomate simplici recto, acuto; margine columellari reflexiusculo.

Hauteur, 2 à 3 millim.; diamètre, 2 à 4 millimètres.

Coquille conique-trochiforme, à peine perforée, parfois, et surtout dans le jeune âge, complétement imperforée, d'un corné fauve, presque transparente, brillante, un peu solide, ornée de stries longitudinales serrées, fines, et de stries spirales difficilement visibles, même sous une forte loupe, mais donnant à la coquille un aspect granuleux parfaitement appréciable; spire élevée, subconique, à sommet petit, obtus et constamment érodé chez les individus bien adultes; 5 à 6 tours de spire un peu convexes, à croissance lente et régulière, séparés par une suture marquée; le dernier un peu grand, obscurément caréné en son pourtour, non descendant ni dilaté à sa terminaison; ouverture un peu oblique, échancrée, déprimée-ovale, à péristome simple, droit, aigu; bord columellaire faiblement réfléchi.

Cette espèce vit sous les pierres, au pied des touffes de graminées, sous les morceaux de bois mort et sous les feuilles; elle habite au pied des murs, des haies et dans la plupart de nos bois et de nos forêts, et au bord des marais.

Aube. — « Saint-Julien, marais de Villechétif, bois de Dosches (M. Bourguignat); » forêt d'Orient et d'Aumont (M. J. Ray).

Aisne. — Forêt de Villers-Cotterets, environs de la Ferté-Milon, Treloup, « près du moulin d'Argentol, près du moulin Launay, parties humides de la forêt de Ris (MM. Lallemant et Servain). »

Eure-et-Loir. — Environs de Vernon, forêt des Andelys.

Loiret. — Bords de la Juine près Malesherbes.

Oise. — Etangs de Comelle, forêts de Chantilly, de Pontarmé, Auvers, pont Sainte-Maxence, forêts de Hallatte, de Compiègne, d'Ermenonville, marais de Rhéteuil, « environs de Beauvais, de Creil, Angy, Houdainville (Dr Baudon). »

Seine. — Bois de Boulogne, de Vincennes, marais et prairies de la Bièvre à Arcueil, Cachan, Bourg-la-Reine, mont Valérien.

Seine-et-Marne. — Forêt de Fontainebleau, Melun, marais du Loing à Nemours, Moret, côte de Champagne, forêts de Senart, de Crécy, d'Armainvilliers, environs de Meaux.

Seine-et-Oise. — Bois de Meudon, forêts de Marly, de Saint-Germain, environs de Versailles, de Mantes, de Poissy, Etampes.

Yonne. — Forêt d'Othe.

II. APLOSTOMA.

Helix, sous-genre Aplostomæ, *Férussac*, 1822; — Hyalinia, *Agassiz in Charp.*, 1837; — Zonites, sous-genre Hyalinia (1), *Gray*, 1840; — Zonites, sous-genre Aplostoma, *Moquin-Tandon*, Hist. Moll. France, II, p. 66 et 72, 1855.

(1) Nous n'avons pu adopter, pour cette section, la dénomination d'*Hyalinia*, à cause du genre *Hyalina* créé en 1820 par Studer pour des espèces du genre Vitrina.

Testa depressa, diaphana, longitudinaliter striata, nitidissima, umbilico permagno vel parvulo.

A. *Testa magna quandoque parvula, anfractibus subconstrictis, celerrime crescentibus.*

ZONITES LUCIDUS.

Helix lucida, *Draparnaud*, Tabl. Moll., p. 96, 1801.
— nitida (1), *Draparnaud*, Hist. Moll. France, p. 117, pl. VIII, fig. 23-25, 1805.
— lucida, *Brard*, Hist. Coq. env. Paris, p. 34, pl. II, fig. 3-4, 1815.
Zonites lucidus, *Bourguignat*, Cat. Coq. Orient, p. 8 (en note), 1853.
Helix lucida, *Baudon*, Cat. Moll. Oise, p. 9, et Mém. Soc. Acad. Oise, p. 97 et 291, 1852-1853.
Zonites lucidus, *Baudon*, Nouv. Cat. Moll. Oise, p. 17, 1862.

Testa convexo-depressa, late umbilicata, subpellucida, nitente, solidiuscula, supra convexo-complanata, cornea, subtus compresso-excavata, ex albidulo lactescente, striis irregularibus, sat conspicuis præsertim ad suturam, ornata; spira convexiusculo-mamillata; apice minuto, obtuso, nitido, lævigato; anfractibus 5-6, subconvexo-depressis, irregulariter (primi sublente regulariterque, cæteri rapidissime) crescentibus, sutura impressa separatis. Ultimo maximo, supra depresso-convexo, ad peripheriam obscure angulato, subtus vix compressiusculo, ad aperturam dilatato, non descendente. Apertura obliqua, lunato-ovata, vix compressiuscula; peristomate recto, simplici, acuto.

Diam. 12 à 15 millim., haut. 5 à 7 1/2 millim.

Coquille déprimée, largement ombiliquée, cornée, transparente, brillante et un peu solide, assez convexe en

(1) Non Helix nitida *Müller*, Verm. Hist., II, p. 32, 177 : espèce différente.

dessus, d'un blanc lactescent en dessous et ornée de stries irrégulières assez apparentes, surtout vers la suture; spire un peu convexe, faiblement mamelonnée, à sommet petit, obtus, brillant et lisse. 5 à 6 tours de spire subconvexes-déprimés, à croissance irrégulière un peu lente et presque régulière chez les premiers, elle prend subitement chez les suivants une marche très-rapide. Suture bien marquée; dernier tour très-grand, déprimé-convexe en dessus, un peu en forme de toit, obscurément anguleux à son pourtour, à peine comprimé en dessous, dilaté, mais non descendant à sa terminaison. Ouverture oblique, échancrée, de forme ovale, à peine comprimée; péristome droit, simple et tranchant.

Le Zonites lucidus vit sous les pierres, sous les décombres, au pied des murs, dans tous les lieux frais et un peu humides, au pied des touffes de graminées, au long des ruisseaux et des fossés.

Aisne. — Environs de Soissons, Braisne, au pied des murs de Cherry, Treloup, le Charmel, « le long des murs à Jaulgonne (MM. Servain et Lallemant). »

Eure. — Environs de Vernon, berges de la Seine, de l'Epte, Maineville, Lions.

Eure-et-Loir. — Cherisy, au pied des murs de Dreux, berges de l'Eure, Maintenon, Epernon.

Oise. — Ermenonville, Pondron, Crespy, Pierrefonds, Taillefontaine, Cuisse-la-Motte, Troly, Réthondes, « dans les jardins humides au pied des violettes, des plantes touffues, dans les fentes des vieilles murailles, aux environs de Mouy (Dr Baudon). »

Seine. — Arcueil, Cachan, Saint-Denis, Bourg-la-Reine, fossés des fortifications à Ivry, Choisy-le-Roi, Charenton.

Seine-et-Marne. — Avon près Fontainebleau, Nemours,

Poligny, Moret, prairies du Loing, Melun, environs de Meaux, de Provins, de Coulommiers, de Crécy.

Seine-et-Oise. — Parc de Saint-Cloud, Sèvres, environs de Versailles, étang de Trappes, bois de Meudon, Villeneuve-Saint-Georges, Corbeil, Mennecy, environs de Pontoise.

ZONITES SEPTENTRIONALIS.

Zonites septentrionalis, *Bourguignat*, G. Zonites, 1869.
— — *Letourneux*, Cat. Moll. Vendée, p. 13, 1869.
— — *Lallemant et Servain*, Cat. Moll. Jaulgonne, p. 13, 1869.
— — *Bourguignat*, in Rev. et Mag. zool., 2e série, t. XXII, p. 17. — Janvier 1870.

Testa depressa, sublate umbilicata, diaphana, nitida, fragili vel paululum solidiuscula, supra complanata, cornea, subtùs planulata, pallide ex albidulo-lactescente, subcostulato-striatula; striis irregularibus, sat perspicuis, præsertim ad suturam, ornata; spira complanata, apice minuto, obtuso, nitente, lævigato; anfractibus 5-6 depressiusculis vel depresso-convexis, irregulariter (primi minuti lente, cæteri velociter) crescentibus, sutura profunda separatis. Ultimo maximo, depresso-rotundato, subtus convexiore, ad aperturam dilatato ac non descendente; apertura obliqua, lunato-ovata, compressa; peristomate recto, simplici, acuto.

Hauteur 5 à 5 1/2 millim., diamètre 12 à 14 millim.

Coquille déprimée, largement ombiliquée, cornée, transparente, brillante, fragile ou parfois un peu solide, aplatie en dessus, comprimée, et faiblement blanchâtre en dessous, ornée de stries peu fines, apparentes surtout vers la suture; spire aplatie, à sommet petit, obtus, brillant et lisse; 5 à 6 tours de spire un peu déprimés ou déprimés-convexes, à croissance irrégulière; lente chez les premiers qui sont très-petits et un peu resserrés, elle prend chez les derniers une marche très-rapide; suture profonde. Dernier tour très-grand, déprimé-arrondi, un peu comprimé-convexe en dessous, dilaté, mais non descendant à sa terminaison. Ouverture oblique, échancrée, ovale-comprimée, à péristome droit, simple et aigu.

Cette espèce, un peu moins répandue que la précédente, vit, comme elle, dans les lieux humides, au pied des murs, sous les pierres, sous les plantes basses.

Aube. — « Bois Fouchy, au pied des vieilles murailles qui entourent Troyes et des anciens remparts (M. Bourguignat). »

Aisne. — Sous les détritus, le long des murs de Jaulgonne (MM. Servain et Lallemant).

Oise. — Forêt de Compiègne, vers Réthondes.

Seine. — Arcueil, Gentilly, Bourg-la-Reine, Grenelle aux bords de la Seine.

Seine-et-Marne. — Bois de la Fourche, dans la forêt de Fontainebleau, prairies de Nemours.

Seine-et-Oise. — Forêt de Meudon, Sèvres, parc de Saint-Cloud.

ZONITES NAVARRICUS.

Zonites navarricus, *Bourguignat,* Gen. Zonites, 1869.
— — *Letourneux*, Cat. Moll. Vendée, p. 14, 1869.
— — *Bourguignat*, Rev. et Mag. zool., 2e série, t. XXII, p. 20, 1870.

Testa subconvexo-depressa, subanguste umbilicata, solidiuscula, subdiaphana, nitida, supra convexa, subtus convexiuscula ac pallide ex albidulo-cornea; striis sat confertis paululum regularibus, sat perspicuis, præsertim ad suturam, ornata; spira convexo-complanata, apice obtuso, nitido, minuto, lævigato; anfractibus 5-6 depressis, sat regulariter crescentibus, sutura impressa separatis; ultimo magno, supra compresso-rotundato, subtus vix compressiusculo, ad aperturam vix dilatato, ac non descendente; apertura obliqua, lunato-rotundata, vix compressiuscula; peristomate recto, simplici, acuto.

Hauteur 4 à 6 millim., diamètre 10 à 14 millimètres.

Coquille subconvexe-déprimée, pourvue d'une perforation ombilicale un peu étroite, transparente, d'un corné jaunâtre, brillante, un peu solide, à peine convexe en dessus, faiblement lactescente en dessous, ornée de stries assez serrées, un peu irrégulières, visibles surtout auprès de la suture; spire convexe-déprimée; sommet obtus, petit, brillant, lisse. 5 à 6 tours de spire déprimés, à croissance assez régulière, séparés par une suture marquée. Dernier tour très-grand, comprimé, arrondi en dessus, à peine un peu comprimé en dessous, faiblement dilaté, mais non descendant à sa terminaison. Ouverture oblique, échancrée, ovale-arrondie, très-faiblement comprimée; péristome droit, simple, aigu.

Ce Zonite vit surtout dans les forêts sous les pierres et les détritus; on le rencontre aussi, mais rarement, au pied des murailles.

Aisne. — Forêt de Villers-Cotterets, vers Montgobert.

Oise. — Environs de Rétheuil, dans la forêt de Compiègne, en face de Réthondes.

Seine-et-Oise. — Bois de Meudon.

ZONITES SUBGLABER.

Zonites subglaber, *Bourguignat,* Mal. Bretagne, p. 47, pl. I, fig. 14-16, 1860 (juin).

Testa convexo-depressa, umbilicata, diaphana, fragili, nitida cornea ac subtus ex albido-lactescente ; tenuissime confertimque striatula, præsertim ad suturam ; spira convexa, apice minuto, obtuso, nitido, lævigato ac pallide corneo; anfractibus 6, convexiusculis, regulariter crescentibus, sutura impressa separatis; ultimo maximo, subtus vix compressiusculo, ad aperturam vix dilatato ac non descendente; apertura lunato-oblonga, obliqua; peristomate simplici, recto, acuto.

Hauteur 6 à 9 millim., diamètre 13 à 16 millimètres.

Coquille convexe-déprimée, pourvue d'une perforation ombilicale un peu grande, transparente, brillante, fragile, cornée et d'un blanc lactescent en dessous; ornée de stries très-fines et très-serrées, apparentes auprès de la suture; spire convexe, à sommet obtus, petit, brillant, lisse et d'un corné très-pâle. 6 tours de spire un peu convexes, à croissance régulière, séparés par une suture marquée. Dernier tour très-grand, à peine comprimé en dessous, non dilaté ou à peine dilaté, mais non descendant à sa terminaison. Ouverture oblique, échancrée, oblongue, à péristome droit, simple, aigu.

Ce Zonite vit sous les pierres dans les lieux bas et humides.

Seine-et-Oise. — Versailles, auprès de la pièce d'eau des Suisses.

ZONITES ALLIARIUS.

Helix alliaria, *Miller*, in Ann. phil., VII, p. 379, 1822.
Zonites alliarius, *Gray*, in Turton, p. 168, pl. IV, f. 39, 1840.

Testa depresso-convexa, anguste umbilicata, nitida, fragili, subpellucida, supra e corneo succinea, subtus ex albidulo-lactescente, striata (striæ tenuissimæ, subobsoletæ, tantum ad suturam apparent); spira convexiuscula, apice minuto, obtuso, vitraceo, obscure punctato; anfractibus 5-6, convexo-depressis, subirregulariter (primi minimi sublente, cæteri rapide) crescentibus, sutura impressa separatis; ultimo magno, complanato-rotundato, subtectiformi, ad aperturam subdilatato ac non descendente; apertura obliqua, lunata, rotundato-ovata; peristomate recto, simplici, acuto.

Hauteur 4 à 6 millim., diamètre 8 à 15 millimètres.

Coquille déprimée-convexe, étroitement ombiliquée, transparente, fragile, très-brillante, d'un jaune de succin en dessus, faiblement blanchâtre en dessous, et ornée de stries presque effacées, serrées, fines, assez régulières, mais seulement apparentes vers la suture; spire un peu convexe, à sommet petit, obtus et confusément ponctué. 5 à 6 tours de spire convexes-déprimés, séparés par une suture marquée, à croissance à peine irrégulière (les premiers tours petits s'accroissent presque lentement, les suivants assez rapidement). Dernier tour grand, comprimé, arrondi, un peu en forme de toit, presque dilaté, mais non descendant à sa terminaison. Ouverture oblique, échancrée, arrondie-ovale; péristome droit, simple, aigu.

Cette belle espèce habite les lieux humides, presque

marécageux de nos grandes forêts, sous les pierres, sous les mousses et au pied des arbres.

Aisne. — « Ravin de Charmel, forêt de Ris (MM. Servain et Lallemant). »

ZONITES CELLARIUS.

Helix cellaria, *Müller*, Verm. Hist., II, p. 38, 1774.
Zonites cellarius, *Gray*, in Turton, Shells Brit., p. 170, 1840.
Helix cellaria, *Jules Ray*, Moll. Champ. mér., p. 21, 1851.
— — *Baudon*, Cat. Moll. Oise, p. 9 ; et in Mém. Soc. Acad. Oise, II, p. 97 et 294, 1852-1853.
Zonites cellarius, *Baudon*, Nouv. Cat. Moll. Oise, p. 9, 1862.
— — *Servain et Lallemant*, Catal. Moll. Jaulgonne, p. 14, 1869.

Testa subconvexo-depressa, anguste umbilicata, diaphana, fragili, nitida, e corneo-viridescente, tenuissime argutissimeque striatula ; spira compressa, apice minuto, obtuso, nitente, sublævigato. Anfractibus 5-6 convexo-depressis, regulariter ac celerrime crescentibus, sutura sat impressa separatis; ultimo magno, subdepresso-rotundato, subtus vix compressiusculo, ad aperturam non dilatato ac non descendente. Apertura lunato-rotundata, obliqua ; peristomate simplici, recto, acuto.

Hauteur 4-6 millim., diamètre 10 à 15 millimètres.

Coquille subconvexe-déprimée, étroitement ombiliquée, transparente, fragile, brillante, d'un corné verdâtre et présentant, en outre, vers la région ombilicale, une teinte lactescente peu marquée, couverte de stries très-fines et très-serrées, seulement un peu apparentes auprès de la suture ; spire comprimée, à sommet petit, obtus, brillant, presque lisse et présentant quelquefois, chez les très-vieux individus, des traces d'érosion. 5 à 6 tours de spire convexes-déprimés, à croissance régulière et très-rapide, séparés par une suture marquée ; dernier tour grand, subdéprimé, arrondi, à peine comprimé en dessous, non dilaté, ni descendant à sa terminaison ; ouverture oblique, échancrée arrondie ; péristome droit, simple et aigu.

Cette espèce vit dans tous les bois, les grandes forêts, dans les lieux humides, sous les pierres, les feuilles, les morceaux de bois, au pied des arbres, dans les parties basses et humides ; on la rencontre encore dans les prairies, au long des fossés, et quelquefois au pied des murs, dans les champs cultivés.

Aube. — « Environs d'Amances, bois du Der, de Dienville, où elle est assez rare (M. Bourguignat). »

Aisne. — Forêt de Villers-Cotterets vers Montgobert, Fleury, à la Chartreuse de Bourgfontaine, Vivières, prairies de Braisne, environs de Soissons, « sous les pierres et les bois pourris, dans la forêt de Ris, dans celle de l'Hôtel-Dieu, autour d'Argentol, au pied des murs de Jaulgonne (MM. Lallemant et Servain). »

Eure. — Forêt de Vernon, prairies de l'Epte.

Oise. — Forêt de Compiègne, vers Réthondes, étangs Saint-Pierre, environs de Vieux-Moulin, Pierrefonds, forêt d'Ermenonville, étangs de Comelle, « sous les pierres dans les endroits frais, et quelquefois sur les coteaux au pied des arbres, Mouy, Bury, Angy, Ansacq, Morainval, Thury (Dr Baudon). »

Seine. — Bois de Boulogne, sous la mousse, au pied des arbres, bois de Vincennes, coteau de Beauté.

Seine-et-Marne. — Forêts de Senart, de Fontainebleau à Valvins, bois de la Madeleine, rochers de Franchard, mare aux Evées.

Seine-et-Oise. — Bois de Meudon, de Bellevue, forêts de Rambouillet, de Montmorency, parc de Saint-Cloud, forêt de Saint-Germain.

ZONITES NITENS.

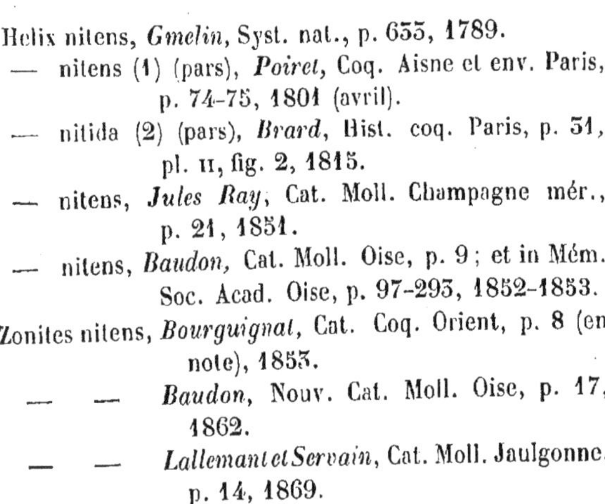

Helix nitens, *Gmelin*, Syst. nat., p. 633, 1789.
— nitens (1) (pars), *Poiret*, Coq. Aisne et env. Paris, p. 74-75, 1801 (avril).
— nitida (2) (pars), *Brard*, Hist. coq. Paris, p. 51, pl. II, fig. 2, 1815.
— nitens, *Jules Ray*, Cat. Moll. Champagne mér., p. 21, 1851.
— nitens, *Baudon*, Cat. Moll. Oise, p. 9; et in Mém. Soc. Acad. Oise, p. 97-293, 1852-1853.
Zonites nitens, *Bourguignat*, Cat. Coq. Orient, p. 8 (en note), 1853.
— — *Baudon*, Nouv. Cat. Moll. Oise, p. 17, 1862.
— — *Lallemant et Servain*, Cat. Moll. Jaulgonne, p. 14, 1869.

Testa convexo-depressa, latissime umbilicata, solidiuscula, diaphana, parum nitente, argutissime striatula, supra convexiuscula, pallide cornea, subtus subcompressiuscula, ex albido lac-

(1) Sous le nom d'*Helix nitens*, Poiret semble avoir confondu presque toutes les espèces du genre Zonites.

(2) Non Helix nitida, *Müller*, espèce différente. De même que Poiret, Brard a réuni sous ce nom plusieurs espèces.

tescente; spira convexiuscula, apice minuto, striatulo, obtuso, albescente; anfractibus 4-5 subconvexo-depressis, irregulariter (primi minuti celeriter, sequentes majusculi, celerrime) crescentibus, sutura impressa separatis; ultimo maximo, depresso-rotundato, subtus vix compressiusculo ad aperturam tectiformi, dilatato ac vix subdescendente. Apertura lunata, ovato-oblonga compressa, obliqua; peristomate recto, simplici, acuto.

Diamètre 8 à 10 millim., hauteur 4 à 5 millimètres.

Coquille convexe-déprimée, largement ombiliquée, transparente, un peu solide, peu brillante, d'un corné pâle en dessus, un peu comprimée et d'un blanc lactescent en dessous, ornée, en outre, de stries fines, serrées, peu visibles; spire un peu convexe; sommet petit, obtus, blanchâtre et strié; 4-5 tours de spire à peine convexes, déprimés, à croissance irrégulière, rapide chez les premiers, très-accélérée chez les suivants; suture marquée. Dernier tour très-grand, déprimé, arrondi, en forme de toit, à peine comprimé en dessous, dilaté, mais non descendant à sa terminaison. Ouverture oblique, échancrée, ovale-obongue, comprimée, à péristome droit, simple et aigu.

Le *Zonites nitens* vit dans tous les lieux humides ou frais, au bord des marais, dans les forêts et au pied des murailles; il se cache sous les pierres, au pied des arbres, sous les plantes basses, etc.

Aube. — « Saint-Julien, dans les alluvions de la Seine, Fouchy, forêt d'Orient, la Ville-au-Bois (Bourguignat). »

Aisne. — Forêt de Villers-Cotterets à Montgobert, Long-Pont, Silly-la-Poterie, environs de Soissons, prairies de Braisne, Limé, Chartreuve, Tréloup, « l'Aulnay, sous les pierres, sous les feuilles mortes; ravin de Charmel, au pied des murs de Jaulgonne (Servain et Lallemant). »

Eure. — Environs de Vernon, prairies de l'Epte.

Oise. — Forêt d'Ermenonville, étangs de Comelle, forêt de Compiègne, Pierrefonds, Cuisse-la-Motte, forêt de Laigue aux Bonshommes, Pont-Sainte-Maxence, « bois de Fourneau, près Mouy, Bury, sous la mousse, au pied des arbres (Baudon). »

Seine. — Bois de Boulogne, de Vincennes, Saint-Denis au bord de la Seine, Nanterre, Suresnes, Montrouge, dans les jardins, Ivry, Arcueil, Gentilly.

Seine-et-Oise. — Parc de Saint-Cloud, sous les feuilles, Chaville, bois de Meudon, de Versailles, étangs de Trappes, sous les pierres, parc de Rambouillet, Marcoussis, Montlhéry, vallée de l'Essonne, la Ferté-Aleps, forêts de Bondy, de Montmorency, de l'Ile-Adam.

Seine-et-Marne. — Melun, au pied des murs, Valvins, parc de Fontainebleau, Provins, forêt de Crécy, environs de Meaux.

Yonne. — Forêt d'Othe.

ZONITES SUBNITENS.

Zonites subnitens, *Bourguignat*, G. Zonites, 1869.
— — *Letourneux,* Cat. Moll. Vendée, p. 14, (sans caract.), 1869.
— — *Lallemant et Servain,* Cat. Moll. Jaulgonne, p. 14 (sans caract.), 1869.
— nitidulus (1), *Baudon,* Nouv. Cat. Moll. Oise, p. 17, 1862.

Testa convexo-depressa, late umbilicata, diaphana, sat fragili, nitidula, argutissime striatula, supra convexiuscula ac cornea, sub-

(1) Non *Zonites nitidulus Gray* (Helix nitidula, *Draparnaud*, Hist. Moll., 1805), espèce spéciale au midi de la France.

tus subcomplanata ac lactescente; —spira convexiuscula, apice minuto, nitidulo, obtuso, sublævigato; anfractibus 4-5 paululum convexis, irregulariter (primi minuti sat regulariter, sequentes velociter) crescentibus; sutura profunda separatis; ultimo magno, compresso-rotundato, subtus compressiusculo, ad aperturam vix dilatato ac non descendente; apertura lunata, ovato-subrotundata; peristomate recto, simplici, acuto.

Diamètre 7 à 10 millim., hauteur 4 à 6 millimètres.

Coquille convexe-déprimée, largement ombiliquée, transparente, un peu fragile, un peu brillante, très-finement striée; un peu convexe et d'une teinte cornée en dessus, subcomprimée et d'un blanc lactescent en dessous; spire faiblement convexe, à sommet petit, brillant, obtus. 4-5 tours de spire un peu convexes, à croissance assez régulière chez les premiers, très-rapide chez les suivants, séparés par une suture profonde. Dernier tour grand, comprimé, arrondi en dessus, un peu comprimé en dessous, à peine dilaté, mais non descendant à sa terminaison. Ouverture oblique, échancrée, ovale, presque arrondie, à péristome simple, droit, aigu.

Comme le *Zonites nitens*, cette espèce vit dans les bois, au long des murailles, sous les pierres et les feuilles mortes.

Aisne. — Forêt de Villers-Cotterets, « assez abondante dans les prairies de la Marne à Jaulgonne, forêt de Ris (MM. Servain et Lallemant). »

Oise. — « Angy, Bury, sous les pierres, le long des murs humides (Dr Baudon). »

Seine. — Bois de Boulogne, de Vincennes, ancien parc de Bercy.

Seine-et-Oise. — Bois de Meudon, forêt de Montmorency.

ZONITES NITIDUS.

Helix nitida, *Müller*, Verm. Hist., II, p. 32, 1774.
— — *J. Ray*, Moll. Champ. mér., p. 21, 1851.
— — *Baudon*, Cat. Moll. Oise; et in Mém. Soc. Acad. Oise, II, p. 97 et 295, 1852-1853.
Zonites nitidus, *Moquin-Tandon*, Hist. Moll. France, II, p. 72, 1855.
— — *Baudon*, Nouv. Cat. Moll. Oise, p. 17, 1862 (excl. var. umbilicata).
— — *Lallemant et Servain*, Cat. Coq. Jaulgonne, p. 14, 1869.

Testa convexo-depressa, umbilicata, diaphana, solidiuscula, nitida, sub lente tenuissime striata, cornea, spira convexiuscula, apice minuto, obtuso, lævigato ac pallide corneo. Anfractibus 4-5 convexiusculis, sat regulariter ac celerrime crescentibus, sutura impressa separatis. Ultimo majusculo, depresso-rotundato, subtus non compresso, ad aperturam non dilatato nec descendente; apertura lunato-subrotundata, peristomate simplici, recto, acuto.

Diamètre 5 à 7 millim., hauteur 3-5 millimètres.

Coquille convexe-déprimée, ombiliquée, transparente, un peu solide, brillante, ornée de stries fines visibles seulement à la loupe; spire un peu convexe, à sommet petit, obtus, d'un corné pâle, lisse; 4-5 tours de spire un peu convexes, séparés par une suture marquée, s'accroissant assez régulièrement et rapidement. Dernier tour un peu grand, déprimé, arrondi, non comprimé en dessous, non dilaté, ni descendant à sa terminaison; ouverture oblique échancrée, subarrondie, à péristome droit, simple, aigu.

Ce Zonite vit dans les lieux très-humides, sous les pierres et au pied des arbres, dans les marais, au bord des rivières et des fossés, caché sous les plantes et sous les végétaux en décomposition.

Aube. — « Très-abondant au bois Fouchy, à Saint-André, Villechetif, Saint-Germain (M. Bourguignat). »

Aisne. — Montgobert, Betz, la Ferté-Milon, Port-aux-Perches, marais des environs de Soissons, environs de Laon, prairies de Braisne, bords de la Vesle à Limé, Chartreuve, « au bord du petit ruisseau de l'Aulnay, sous les pierres, forêt de Ris (MM. Servain et Lallemant). »

Oise. — Forêt d'Ermenonville vers Chaalis, Eves, étangs de Comelle, Pont-Saint-Maxence, aux bords de l'Oise, Verberie, marais de Pierrefonds, forêt de Compiègne, aux étangs Saint-Pierre, à Vieux-Moulin, forêt de Laigue-aux-Bonshommes; « les prairies, les marécages, au milieu des mousses qui bordent les étangs, sur la vase des fossés, dans presque toutes les localités humides des environs de Mouy (Dr Baudon). »

Seine. — Abondant dans les prairies de la Bièvre, aux bords des rigoles et des fossés à la Glacière, Gentilly, Arcueil, Bourg-la-Reine, bords de la Seine à Bercy, Grenelle, Suresnes, Saint-Denis, bords de la Marne à Charenton, Saint-Maur, Créteil.

Seine-et-Marne. — Prairies de Nemours, bords du Loing, étang de Moret, prairies de Saint-Mamert, Valvins, parc de Fontainebleau, environs de Melun, forêt de Villefermoy, bords de la Voulsie, forêts d'Armainvilliers, de Crécy, marais des environs de Meaux.

Seine-et-Oise. — Marais des bois de Meudon, étang de Trappes, prairies de Bièvre, d'Orsay, étangs du Peray, de Saint-Hubert, Marcoussis, prairies de la Juine à Etampes, Saint-Georges, Lardy, Itteville, prairies de Mennecy, environs de Corbeil, forêts de Bondy, de Montmorency, de l'Ile-Adam.

Yonne. — Bords de l'Yonne à Chapelotte, Pont-sur-Yonne, forêt d'Othe.

ZONITES PARISIACUS.

Zonites nitidus, varietas umbilicata, *Baudon*, Nouv. Cat. Moll. Oise, p. 17, 1862.
— Parisiacus, *Jules Mabille in Sched.*, 1868.
— — *Lallemant et Servain*, Cat. Moll. Jaulgonne, p. 15 (*sans caract.*), 1869.

Testa convexo-depressa, late umbilicata, diaphana, nitida, solidiuscula, corneo-rufula, striis tenuissimis confertis, paululum irregularibus, ornata; spira convexa, apice minuto, nitido, e vitraceo-cærulescente, lævigato ac submamillato; — anfractibus 5-5 1/2 convexis, subregulariter (primi minuti celeriter, cæteri celerrime) crescentibus, sutura impressa separatis; ultimo magno rotundato, subtus non compresso, ad aperturam non dilatato nec descendente; apertura obliqua lunato-rotundata, peristomate recto, simplici, acuto.

Diamètre, 7 à 7 1/2 millim., hauteur 3 1/2 à 4 millim.

Coquille convexe-déprimée, largement ombiliquée, transparente, brillante, un peu solide, d'un corné rougeâtre, ornée de stries très-fines, très-serrées, un peu irrégulières; spire convexe à sommet petit, brillant, d'un vitré bleuâtre, lisse et faiblement mamelonnée. 5 à 5 1/2 tours de spire convexes, séparés par une suture bien apparente, s'accroissant un peu irrégulièrement, les premiers petits, à croissance rapide s'accélérant considérablement chez les suivants. Dernier tour grand, arrondi, non comprimé en dessous, non dilaté ni descendant à sa terminaison. Ouverture un peu oblique, échancrée, arrondie, à péristome droit, simple, aigu.

Cette belle espèce vit dans les lieux très-marécageux, sur la vase et au pied des plantes.

Aisne. — « Forêt de Ris, où elle est rare (MM. Servain et Lallemant). »

Oise. — « Prairies d'Houdainville, où elle est très-rare (Dr Baudon). »

Seine. — Fossés des fortifications à Ivry, peu abondante en cette localité.

ZONITES RADIATULUS.

Helix radiatula, *Alder*, Catal. Land and fresh water Moll., in New Castle Trans., I, p. 38, 1830.
— — *J. Ray*, Cat. Moll. Champ. mér., p. 21, 1851.
— — *Baudon*, Cat. Moll. Oise, p. 9, et Mém. Soc. Acad. Oise, t. II, p. 97 et 295, 1852-1853.
Zonites radiatulus, *Gray in Turton*, p. 173, pl. x, fig. 137, 1840.
— striatulus, *Baudon*, Nouv. Cat. Moll. Oise, p. 17, 1862.
— radiatulus, *Bourguignat*, Mal. Grande-Chartreuse, p. 46, pl. III, fig. 15-20, 1864.
— — *Lallemant et Servain*, Cat. Moll. Jaulgonne, p. 15, 1869.

Testa convexo-depressa, profunde et late umbilicata, fragili nitente, supra eleganter costulato-radiatula (costis sat confertis, tenuissimis, irregularibus, tantum sub lente perspicuis), subtus obsoleto striatulo; spira convexo-depressa, apice minutissimo, obtuso, punctato; anfractibus 4-5 convexo-depressis, sat regulariter ac celeriter crescentibus, sutura impressa separatis; ultimo magno, rotundato, compresso, tectiformi, ad aperturam dilatato ac non descendente; apertura obliqua, oblongo-lunata, peristomate recto, simplici, acuto.

Diamètre, 4 à 5 millim., hauteur 1 à 2 millim.

Coquille de petite taille, convexe-déprimée, profondément et largement ombiliquée, fragile, brillante, d'un corné fauve, toute couverte de stries très-fines, assez serrées, irrégulières, partant de la suture et s'irradiant de tous côtés, mais visibles seulement sous la loupe; spire convexe-déprimée, à sommet très-petit, obtus, ponctué. 4 à 5 tours de spire convexes-déprimés, à croissance assez régulière et rapide, séparés par une suture assez profonde. Dernier tour grand, arrondi, comprimé, tectiforme, dilaté, mais non descendant à sa terminaison. Ouverture oblique, échancrée, oblongue, à péristome droit, simple, aigu.

Cette espèce vit dans les lieux frais au pied des arbres, sous le gazon, dans les mousses, dans les marais et les étangs, à la base des touffes de carex, au pied des murailles.

Aube. — « Forêt d'Orient, Villechétif (M. Bourguignat), » environs de Troyes (M. J. Ray).

Oise. — Forêt d'Ermenonville, étangs de Comelle, « commun dans tous les endroits boisés et humides à Mouy, Bury, Houdainville (Dr Baudon). »

Seine-et-Oise. — Marécages du bois de Meudon, plateau de Bellevue, étang de Trappes, au pied des murailles de la jetée.

ZONITES NITIDOSUS.

Helix nitidosa, *Férussac*, Tabl. syst., n° 214, 1821.

Helix nitidosa, *D. Dupuy*, Moll. France, p. 238, pl. xi, fig. 3, 1849.
— — *Jules Ray*, Moll. Champ. mér., p. 21, 1851.
Zonites nitidosus, *Bourguignat*, Mal. Bretagne, p. 50, 1860.
— purus (1), *Baudon*, Nouv. Cat. Moll. Oise, p. 18, 1862.

Testa parvula, late umbilicata, supra convexa, nitidiuscula, crystallina, oculo nudo lævigata, sub lente striis tenuissimis confertis ac flexuosis ornata; spira convexiuscula; apice minuto, punctato, obtuso; anfractibus 4-5 convexo-planulatis, sat regulariter ac celeriter crescentibus, sutura profunda separatis; ultimo majusculo, supra rotundato, subtus non compresso, ad aperturam paululum dilatato, tectiformi ac vix descendente; apertura obliqua, lunata, rotundato-ovata, paululum compressa; peristomate recto, simplici, acuto.

Diamètre, 2 à 3 millim., hauteur 1 à 2 millim.

Coquille petite, déprimée, profondément et largement ombiliquée, fragile, brillante, d'un blanc un peu verdâtre ou d'un fauve pâle, paraissant lisse, mais ornée, sous le foyer d'une forte loupe, de stries très-fines, très-serrées, flexueuses; spire un peu convexe, à sommet petit, obtus et ponctué; 4 à 5 tours de spire aplatis, convexes, croissant assez régulièrement et très-rapidement, séparés par une suture profonde; dernier tour un peu grand, arrondi en dessus et cependant un peu en forme de toit, non comprimé en dessous, à peine dilaté et descendant à sa terminaison. Ouverture un peu oblique, échancrée, arrondie-ovale, un peu comprimée, à péristome droit, simple, aigu.

Cette espèce habite les lieux très-humides, les maré-

(1) Non Helix pura, *Gray*, espèce spéciale à l'Angleterre.

cages des bois; elle vit sous les plantes basses, sous les végétaux en décomposition, sous les feuilles mortes.

Aube. — « Bois du Der et de la Ville-au-Bois (M. Bourguignat). »

Aisne. — « Alluvions du ru d'Argentol, de la Marne à Jaulgonne (MM. Servain et Lallemant). »

Oise. — « Ancien parc de la ferme d'Ansacq, au pied des saules, dans un bois marécageux (Dr Baudon). »

Seine-et-Oise. — Bois de Meudon, vallée de Laminière.

ZONITES VIRIDULUS

Helix viridula, *Menke*, Synop. Moll., p. 20 et 150 (*excl. syn. Ferus.*), 1830.

Testa late umbilicata, depressa, supra convexiuscula, nitidula, e corneo viridescente, oculo nudo lævigato, sub lente striis tenuissimis, densis, subobsoletis obscure decussata; spira vix convexiuscula, apice minutissimo, obtusissimo, nitido, obscure punctulato. Anfractibus 3-4 convexis, celerrime crescentibus, sutura profunda separatis. Ultimo maximo, supra rotundato-depresso, ad aperturam obscure subdilatato ac vix descendente, subtus subcomplanato. Apertura lunata, obliqua, ovato-oblonga; peristomate recto, simplici, acuto, intus paululum incrassato.

Diamètre, 4 à 4 1/2 millim., hauteur 1 à 2 millim.

Coquille de petite taille, largement ombiliquée, déprimée, un peu convexe en dessus, un peu brillante, d'un corné verdâtre très-pâle, paraissant lisse, mais ornée, vue sous une forte loupe, de stries très-fines, assez serrées, un peu effacées et donnant à la coquille une apparence en quelque sorte granuleuse; spire un peu convexe, à sommet très-petit, obtus, brillant et obscurément ponctué. 3 à 4 tours de spire convexes, à croissance très-rapide et séparés par une suture profonde; le dernier très-grand, arrondi, déprimé en dessus, un peu comprimé en dessous, à peine dilaté et très faiblement descendant à sa terminaison. Ouverture oblique, échancrée, ovale-oblongue, à péristome droit, simple, aigu, faiblement épaissi intérieurement.

Le *Zonites viridulus* habite les lieux très-frais, au bord des eaux, sous les pierres et les plantes.

Seine-et-Marne. — Parc de Fontainebleau.

B. *Testa minima, crystallina, nitidissima, subtus compressa vel compressiuscula, anfractibus constrictis velociter crescentibus.*

ZONITES DIAPHANUS.

Helix diaphana (1). *Studer*, Kurz. Verzeichn., p. 86, 1829.

Zonites diaphanus, *Moquin-Tandon*, Hist. Moll. France, II, p. 91, 1855.

Testa depressa, anguste subobtecte perforata, supra complanata, quandoque vix convexiuscula, subtus subcomplanata, crystallina, albidula, nitida, lævigata ac sub lente, præsertim ad suturam, striis obsoletis vix perspicuis, ornata; spira complanata vel paululum convexiuscula, apice minuto, obtuso, lævigato, nitido; anfractibus 5 1/2-6 convexiusculis, regulariter celeriterque crescentibus, sutura parum impressa separatis; ultimo majusculo, subdepresso-rotundato, subtus vix complanato, ad aperturam non dilatato nec descendente; apertura parum obliqua, lunata, compresso-ovata; peristomate recto, simplici, acuto; margine columellari ad umbilicum paululum reflexiusculo.

(1) Non helix diaphana, *Meg. V. Muhlfeldt*, qui est l'Helix hydatina *Rossmassler*, espèce de la Grèce. Non Helix diaphana, *Lamarck*, *Krynicki*, *W. Lea*, espèces différentes.

Diamètre, 4 à 4 1/2 millim., hauteur 2 à 2 1/4 millim.

Coquille déprimée, munie d'une perforation ombilicale tellement étroite que l'on ne peut que difficilement l'apercevoir, déprimée en dessus, ou parfois à peine convexe, un peu aplatie en dessous, cristalline, blanchâtre, brillante, lisse ou ornée, sous le foyer d'une forte loupe, de stries presque effacées, un peu visibles seulement vers la suture; spire déprimée ou très-faiblement convexe, à sommet petit, obtus, lisse et brillant. 5 1/2 à 6 tours de spire, un peu convexes, arrondis, à croissance régulière et rapide, séparés par une suture superficielle et cependant bien apparente; le dernier grand, déprimé, arrondi, à peine comprimé en dessous, non descendant ni dilaté à sa terminaison. Ouverture un peu oblique, échancrée, comprimée, ovale, à péristome droit, simple et aigu. Bord columellaire très-faiblement évasé vers l'ombilic.

Le Zonites diaphanus vit dans les bois au pied des arbres, sous la mousse et sous les pierres.

Aube. — « Bois du Der, de la Ville-au-Bois (M. Bourguignat). »

ZONITES CRYSTALLINUS.

Helix crystallina, *Müller*, Verm. Hist., II, p. 25, 1774.
— — *Baudon*, Cat. Moll. Oise, p. 9; et Mém. Soc. Acad. Oise, II, p. 97 et 293, 1852-1855.
Zonites crystallinus, *Leach*, Brit. Moll. ex Turton, p. 105, 1831,
— — *Baudon*, Nouv. Cat. Moll. Oise, p. 18, 1862.

Zonites crystallinus, *Lallemant et Servain,* Cat. Moll. Jaulgonne, p. 15, 1869.

Testa complanato - depressa, umbilicata, supra complanata, subtus planato-subcompressa, albidula, nitidula, crystallina, lævigata, vel sub lente striis tenuissimis obsolete ornata; spira vix subconvexiuscula, apice minuto, obtusissimo, lævigato. Anfractibus 5-5 1/2 subconvexis, ad partem inferiorem depressis, celeriter regulariterque crescentibus, sutura profunda separatis. Ultimo majore, complanato-rotundato, ad aperturam non descendente nec dilatato, infra planulato. Apertura rotundato - compressa, lunata; peristomate simplici, recto, acuto.

Diamètre 2 à 3 millim., hauteur 1 à 1 1/4 millimèt.

Coquille de petite taille, déprimée, ombiliquée, aplatie en dessus, plane-subcomprimée en dessous, cristalline, très-brillante, lisse, ou ornée, sous le foyer d'une forte loupe, de stries presque effacées; spire à peine un peu convexe; sommet très-petit, obtus, lisse; 5 à 5 1/2 tours de spire, un peu convexes, mais déprimés à leur partie inférieure; à croissance régulière et rapide, et séparés par une suture profonde. Dernier tour grand, comprimé, arrondi, aplati en dessous, non dilaté ni descendant à sa terminaison. Ouverture oblique, échancrée, arrondie, comprimée, à péristome simple, droit, aigu.

Ce Zonite vit dans les lieux frais, sous les pierres, au pied des plantes, au bord des ruisseaux, dans les mousses, dans les bois et sur les coteaux , sous les feuilles mortes, sous le gazon.

Aube. — « Très-commune aux environs de Troyes, au bois Fouchy, Pont-Hubert, Saint-Julien dans les alluvions de la Seine, la Ville-au-Bois (M. Bourguignat). »

Aisne. — Parties humides de la forêt de Villers-Cotterets, Cherry, prairies de Braisne, forêt de Ris, « très-abondant dans les alluvions de la Marne à Jaulgonne, ravin du Charmel (MM. Servain et Lallemant). »

Oise. — Vallée de la Troesne à Chaumont, Gisors, Trie-Château, étangs de Comelle, Pont-Sainte-Maxence, forêt d'Ermenonville, « les prairies humides et les bois aux environs de Mouy (Dr Baudon). »

Seine. — Bois de Boulogne, de Vincennes, fossés des fortifications à Ivry, Grenelle.

Seine-et-Marne. — Prairies des environs de Melun, forêt de Barbeaux, forêt de Fontainebleau à la Mare aux Evées, prairies de Thomery,de Saint-Mamert, de Moret.

Seine-et-Oise. — Bois de Meudon, vallée de Laminière, environs de Rambouillet, prairies d'Orsay, prairies de Chevreuse, Villepreux, étang de Trappes, Buc, Jouy-en-Josas, forêts de Montmorency, de Bondy, vallées de l'Orge, de la Bièvre, d'Yères.

ZONITES HUMULICOLA.

Zonites humilicola, *Jules Mabille in Sched.*, 1868.

Testa umbilicata, depressa, supra planata, albida, nitidula, crystallina, lævigata, vel sub lente substriatula, subtus subconvexo-planulata. Spira planata quandoque vix convexiuscula ; apice minuto, obtuso, lævigato. Anfractibus 5-5 1/2 depressis, celeriter ac subregulariter crescentibus, sutura impressa separatis. Ultimo majusculo, supra depresso-rotundato, infra non compresso, ad aperturam vix descendente, non dilatato. Apertura lunata, rotundato-compressa, peristomate acuto, recto, simplici.

Pl. 1.

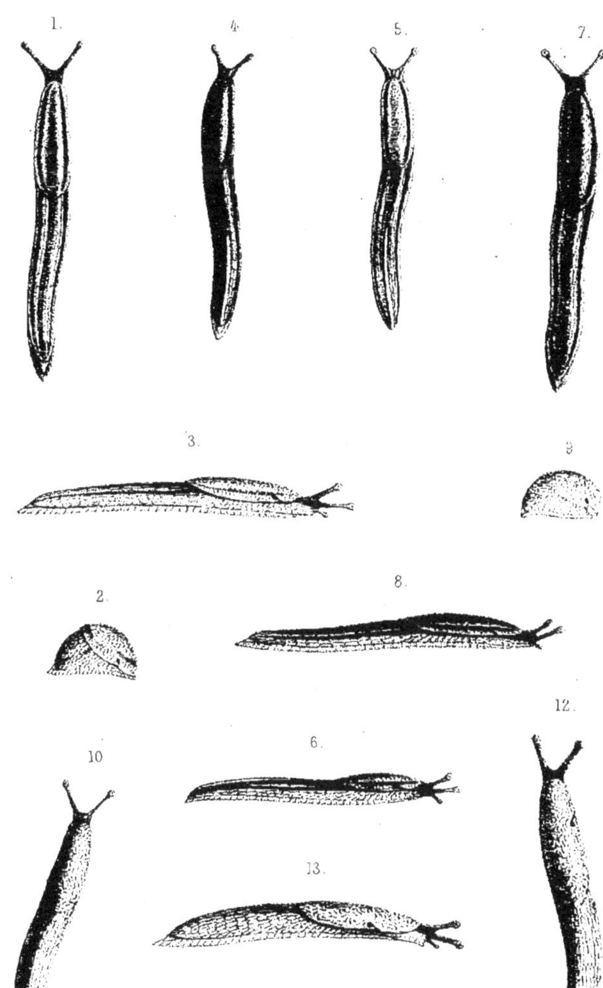

Levasseur, del. | Imp. F. Delarue

1_3. *Arion rupicola.*
4. —— *Neustriacus.*
5_6. —— *Bourguignati*

7_8. *Arion distinctus.*
9_11. —— *campestris.*
10_13. —— *tenellus.*

Pl. II

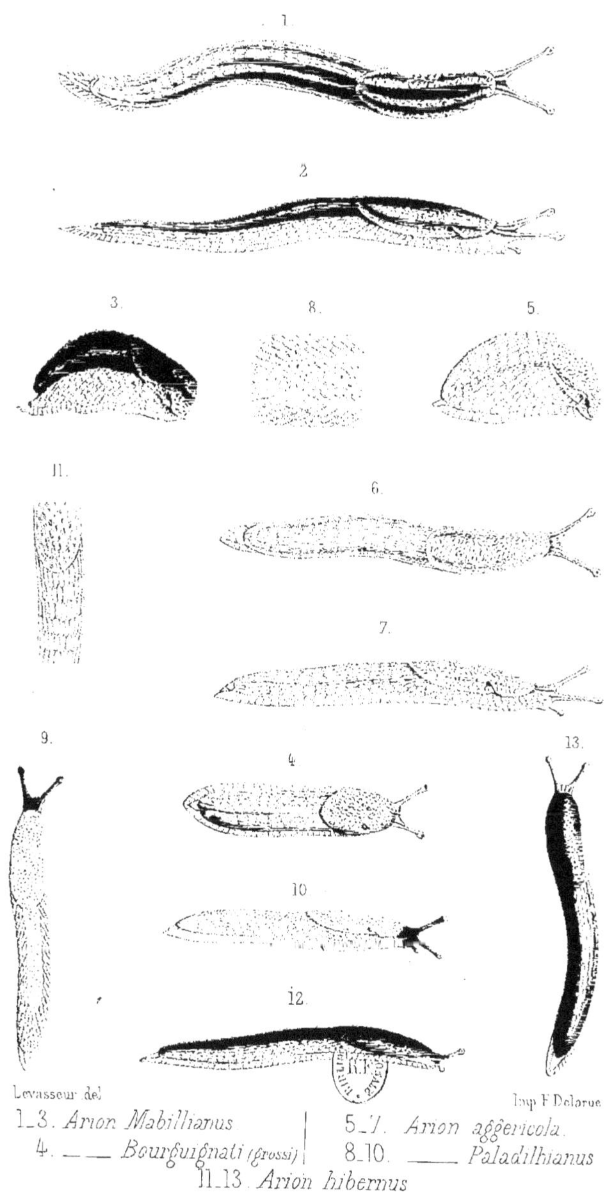

Levasseur del. Imp F Delarue

1_3. *Arion Mabillianus* | 5_7. *Arion aggericola.*
4. ___ *Bourguignati (grossi)* | 8_10. ___ *Paladilhianus*
11_13. *Arion hibernus*

EN VENTE

CHEZ SAVY, 24, RUE HAUTEFEUILLE,

ET

CHEZ BOUCHARD-HUZARD, 5, RUE DE L'ÉPERON.

BOURGUIGNAT. Mollusques nouveaux litigieux ou peu connus. Fascicules 11 et 12. (Sous presse le 13e fascicule.)

LETOURNEUX. Catalogue des mollusques terrestres et fluviatiles recueillis dans le département de la Vendée et particulièrement dans l'arrondissement de Fontenay-le-Comte. Paris, 1869, in-8. . . 3 fr.

J. MABILLE. Archives malacologiques. In-8. — 1er fascicule, 1867. — 2e fasc., 1867. — 3e fasc., 1868. — 4e et 5e fasc., 1869. — (Sous presse le 6e fasc.)

SAINT-SIMON (Alfred DE). **Descriptions d'espèces nouvelles du genre Pomatias, suivies d'un aperçu synonymique sur les espèces de ce genre.** Paris, 1869, in-8. . . 2 fr. 50

SERVAIN (Le Dr Georges). **Malacologie des environs d'Ems et de la vallée de la Lahn.** Paris, 1869, in-8. . . 2 fr. 50

Paris. — Imprimerie de madame veuve Bouchard-Huzard, rue de l'Éperon, 5. — 1871.

www.ingramcontent.com/pod-product-compliance
Ingram Content Group UK Ltd.
Pitfield, Milton Keynes, MK11 3LW, UK
UKHW020316250726
13967UKWH00004B/1752

9 782013 038331